美丽
乡愁

江西历史名村文化档案

# 古宅老屋

## GUZHAI LAOWU

姚亚平◎主　编

张天清◎执行主编

陈立立◎编　撰

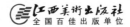

江西美术出版社

全国百佳出版单位

## 《美丽乡愁——江西历史名村文化档案》
## 丛书编委会成员名单

编委会主任：姚亚平

编委会副主任：张天清　吴永明　傅伟中

编委会成员：肖永阳　李　曜　杨宇军　汤　华　魏　林　万建明　方　姝

学术顾问：梁洪生

编委会办公室主任：张天清

编委会办公室成员：肖永阳　李　曜　黎　峰　王　菁　卢　俊　方　姝

江西省社会科学规划课题重点项目：

美丽乡愁——江西历史名村文化档案研究（16WTZD01）


江西省社会科学规划课题一般项目：

江西古村老宅文化研究（16WTYB01）

# 出版前言

在中国乃至世界的坐标系上，江西灵动的自然生态之美，厚重的历史人文之美，蓬勃的发展活力之美，令人瞩目。在地理上，江西河流众多，山林葱茏，农耕遍地，风景独好；在文化上，江西素称文章节义之邦，人文蔚起，诗书传家。在千年的历史积淀中，赣鄱大地上形成了一大批开基久远、傍水依山、风景秀美、宗祠众多、人文气息浓郁的传统村落。截至2017年底，江西共有国家级历史文化名镇名村33个、中国传统村落175个、省级历史文化名镇名村83个、省级传统村落248个。它们就像一个个揭秘江西的文化符号，分布在赣鄱大地，堪称国宝，弥足珍贵。

为了挖掘和传承优秀传统文化，培育和弘扬社会主义核心价值观，在江西省委宣传部、江西省文明办的直接推动和大力支持下，我们策划了《美丽乡愁——江西历史名村文化档案》系列丛书，分为《山水家园》《古宅老屋》《古建情怀》《乡风民俗》四册，从不同角度形象直观地描述江西古村落实景实物所承载的发展故事和人文内涵，呈现赣鄱大地浓浓的乡土情、中国风、书卷气。该套丛书亦是江西省委宣传部、江西省文明办、江西省社科联、江西出版集团贯彻落实党的十九大精神、推动实施乡村振兴战略、加强农村精神文明建设的一项具体行动。

《美丽乡愁——江西历史名村文化档案》系列丛书的编纂与出版，是建设美丽中国"江西样板"的文化行动。习近平总书记2016年在江西考察时强调，绿色生态是江西最大财富、最大优势、最大品牌，一定要保护好，做好治山理水、显山露水的文章，走出一条经济发展和生态文明水平提高相辅相成、相得益彰的路子，打造美丽中国"江西样板"。赣鄱之美，美在红色摇篮、绿色家园、古色厚土，美在历史悠久、风光瑰丽、人杰地灵，美在传承几千年来深藏在乡村风貌、家风祖训、传统美德和家国情怀之中的赣鄱文化基因和民族精神。丛书让人看到美丽江西、感受乡愁而怦然心动，增加了读者对美丽中国、锦秀江西、可爱家园的自豪感、凝聚力、责任心和认识感。

系列丛书是江西省村史馆建设的全景图。丛书在内容选取和体例编写上，以江西省村史馆建设为基础，从中精选了47个历史文化名村详细撰写，并附上2012年以来江西省委宣传部、江西省文明办资助建设的110个江西省村史馆名单。江西省村史馆建设以文化名镇、名村和传统文化村落为重点，以保护传承、修复建设和发扬光大为首要任务，通过图文资料、实物展陈、视频影像、沙盘展示等形式，生动地展示乡村传统文化、村风民俗、红色历史，将抽象的道理、生硬的说教转化为群众喜闻乐见、易于接受的图片实物、生动事例，成为人文历史的宣传阵地、文化遗产的传承基地、民俗风情的展示场地，打造成为群众记住乡愁、凝心励志的"精神家园"。

系列丛书是江西历史文化名村的档案库。丛书通过梳理全景照、实物图片、平面图等基本信息，尽可能反映村落基本面貌、村落格局，体现建筑、交通、环境之间的关系以及名人、民俗、非遗与村落的关系。着重理清古村发展脉络，对重要史料信息、文物信息等进行搜集整理，对大量碎片化的资料去粗取精、去伪存真，对基本的数据进一步核实，深入阐述村落的成因、历史演变，进一步挖掘整理保护宣传乡村历史文化资源，凝练和传承优秀传统文化。通过图文，介绍历史文化名村的重点细节、重点形态，以图说话、睹物思人、目击道存。图片与照片力求真实而精美，行文接地气而娓娓道来，讲好中国故事，讲好江西故事，讲好古村故事，展示古村形象，是历史存照，更是文化档案。

该丛书研究列入江西省社会科学规划课题重点项目，自 2016 年始至今近两年时间，从组织实施到编写撰稿等都经过反复研讨，精心论证，精心打磨，既有山川田野的调研工作，又有埋头苦干的文案工作。

该出版项目在实施过程中，得到了江西省委宣传部、江西省文明办等各级领导的大力支持，时任省委常委、省委宣传部部长姚亚平亲自策划并审定全书，江西省文明办主任张天清具体组织协调项目的实施并审看全书。在丛书配图方面，江西省各级文明办以及江西画报社提供了大量的图片支持。在书稿撰写过程中，梁洪生教授以及其他专家提供了学术上的指导。各册作者在书稿撰写过程中，精心构织框架，广泛搜集资料，倾情进行写作，为套书的顺利出版付出了巨大的心力。在丛书出版过程中，江西美术出版社汤华社长、魏林副社长和方姝、朱倩文、姚屹雯等责任编辑对丛书的编辑、修改付出了辛勤的劳动。

在此，我们谨向所有支持、帮助过这套丛书出版的领导、专家、学者致以衷心的感谢！丛书的出版，是江西历史文化资源保护和利用的延续，也是江西省村史馆研究工作的新起航。

丛书编委会
2018 年 1 月

目录
CONTENTS

第一章
商贾老屋

　　商贾老屋，一般指明清江西商宅，它是江西民居中的豪宅。既有江西建筑风格，又有外省的风采；既有传统特点，又有创新尝试；既有民间特色，又有官方气派，商贾老屋是江西民居中最别出心裁的建筑。

　　与普通民居比较，商贾老屋具有很强的防火防盗功能。一般都有高墙厚门防盗，天井水缸防火。更有甚者，屋内设置暗室仓库藏货，巷道空中设置哨孔防抢。

　　商贾老屋具有遮富显富特征。商贾一方面害怕偷盗，千方百计遮富；另一方面想让生意伙伴知道实力，让族人知道自己的能耐，又要显摆。表现在建筑上，一般商贾老屋比普通民居高大，四围高墙把屋内的情况遮盖得严严实实，一旦进入到建筑物内部，就会发现，原来里面装修豪华奢侈，凡是可以装饰的地方都给予装修。

　　商贾老屋讲究很多。选址讲究风水，基本原则是房屋朝向要坐北朝南，前有溪水环流，后有高山背靠，东西两侧丘陵绵延。如未达到这个标准，就会衍生出很多种化解办法，由此产生了许许多多规矩。取名讲究吉兆，新屋落成，一定要取一个响亮的名号。如"进士第"、"丛桂流芳"、"大夫第"、"通奉第"、"文林第"等。

　　商贾老屋装修过俗、奢靡，不惜花费高价从外地购买建材，注重木雕、石雕和砖雕，房屋内外随处可见艳俗装饰，内容多松竹梅、牡丹、仙桃等植物，鹿、鹤、猴等动物，八仙、戏剧人物等，方法多用谐音、象征手法，目的多为吉祥、祈福之意。

## 朱贻泽宅

江西省国家级历史文化名村
江西省省级历史文化名村
中国传统村落

浮梁县
沧溪村

　　朱贻泽宅，又称瓷商宅院，在浮梁县沧溪村。该建筑坐北朝南，是一座三间五架砖木结构建筑，面积约有 200 平方米，属清末建筑。

　　浮梁自古有两样东西闻名世界，一是瓷器，二是茶叶。据传沧溪村的朱贻泽、朱佩泽两兄弟既聪明，又勤快，哥哥朱贻泽在景德镇做瓷器生意，弟弟朱佩泽在上海做茶叶生意，兄弟俩相互帮助。哥哥发财后，回家兴建这个宅院。据文献记载，朱贻泽也参股经营茶叶，但没有其弟朱佩泽在茶叶经营方面名气大。

　　朱贻泽在建造该宅时非常重视防盗。整栋宅院的外墙脚是用大型石块做墙基，砌得很坚固，外墙的高度在 5 米以上，以此达到防盗目的。在后门与隔巷相邻的民居之间，在 3 米以上的空间搭建了一个阁楼。阁楼上设有望风孔，可以从孔中观察敲门的人，又可以通过阁楼与另一家庭相通，以防不测。修建这个阁楼，说明清末民初时期浮梁县社会治安极端不好，富商有恐惧心态，同时也说明商人有联合保护财产的要求。

　　这幢瓷商宅院具有储存货物多的特色。天井变成了院落，房间多，过道少，储存货物功能强。进宅院门后，见一院落，在这里可以存放大量粗笨瓷器。进入宅门是前堂，左右各有两间厢房，太师壁两侧有小门与后堂相通，后堂两边又各有两间厢房，后堂墙边有一个半天井，用于前后通风纳阳。此宅是前院后井模式，即宅前是大院落，宅后是半天井。宅院的东面、南面和北面皆建有陪屋，陪屋就是仓库，可以储存大量的货物。陪屋

朱贻泽宅院哨孔阁楼

由厢房进入，外人是无法进入陪屋的，有的陪屋就变成了暗仓地库。可以露天存放的货物放在院落里，不可以露天存放的货物储存在陪屋里，珍贵的货物储藏在暗仓地库里。

清末民初，战乱频繁，物价飞涨。经营瓷器的商人，稍有疏忽，血本无归。熟悉瓷业，懂得瓷器经营规律的人就会储存瓷器。那个时候景德镇瓷器是依靠手工生产，按传统惯例，冬季三个月不烧窑，无法出产瓷器，此时又是瓷器走俏的时候，如果年份好，过年之前，瓷器价格暴涨，此时如存有瓷器，就能获得高额利润。从该瓷商宅院设计来看，朱贻泽是一个囤积瓷器，待价而沽的高手。

朱贻泽宅有精致的传统装饰。装饰材料主要由砖雕、石雕和木雕组成。砖雕的制作程序包括修砖、放样、打坯、出细、打磨、修补等，传统工具主要有木炭棒、凿、砖刨、撬、木槌、磨石、砂布、弓锯、棕刷、牵钻等；木雕的制作程序包括取料、放样、打粗坯、打中坯、打细坯、打磨、揩油上漆等环节，传统工具主要有小斧头、硬木锤、凿、雕刀、钢丝锯、磨石、砂布等；石雕的制作程序包括石料加工、起稿、打荒、打糙、掏挖空当、打细等环节，传统工具主要有錾子、锼、扁錾、刻刀、锤、斧、剁斧、哈子、剁子、磨头等。木雕纹饰主要用在月梁、额枋、斗拱、雀替、梁驼（俗称元宝）、平盘头、榫饰、钩挂、隔扇门窗格心、裙板、绦环板、莲花门、窗格、窗栏板、栏杆、轩顶、楼沿护板、挂络等木质材料上。砖雕装饰主要在门楼、门罩等部件上。石雕则主要用在门墙的础石、漏窗及石牌坊的装饰上。这幢瓷商宅院的三雕与建筑整体配合得极为严密稳妥，其布局之工、结构之巧、装饰之美、营造之精、内涵之深，令人叹为观止。

宅院保护完整。精美砖雕的门罩，高耸的马头墙，高悬的望风孔阁楼，前院后井结构的建筑，虽经岁月沧桑的洗礼，基本保存完好。这虽是偶然的事情，却又是必然的事情。

村中老者说，该建筑结构合理，坐北朝南，前院后井，排水通畅，间间屋子能够通风纳阳，夏天睡一楼避暑，梅雨天住楼上防潮，因为结构好，没有改动的必要，所以一直到中华人民共和国成立前夕，瓷商宅院没有改变原样。

中华人民共和国成立后该院分给多户村民居住，由于陪屋多，只要在陪屋墙上开一个窗户，就可以把陪屋当作卧室使用，也有的人家由于人口多，不够住，在陪屋外搭建一个简易的房子，总之，在计划经济时代，尽管有一些变化，但建筑物的基本结构没有变动。

值得一提的是，经过"文化大革命"动乱，该院装饰基本保存完好，这是非常不易的事情。不是没有造反派来毁坏，而是建筑装饰得到了住在这里的村民保护，才得以保存下来。村民告诉我们，

朱贻泽宅门楼装饰

朱贻泽宅门楣

朱贻泽宅厅堂

当时他们得知城里有毁坏文物的信息后就商量办法。有的说，建筑纹饰搞掉可惜；有的说，我们都是做工的，木雕、石雕和砖雕都是高难工艺，要花很多功夫才能做出来，我们现在的人没有古人做得好，一定要保护起来。于是大家各自动起手来，有的人用黄泥将木雕糊住，再在上面刷漆；有的人把报纸将窗户贴住，不让人看见窗户上的纹饰，当然也有胆小的人，将自家木雕上的人物头铲掉了。当造反派来到这里时，基本看不到三雕，看到的是村民家家户户都有人挡在门口，于是只好悻悻离开，这座建筑物才躲过一劫。

改革开放后，古建筑的价值逐渐得到人们的重视，经过整修，2007年这座瓷商宅院被确立为浮梁县级文物保护单位。

朱佩泽宅

浮梁县
沧溪村

江西省国家级历史文化名村
江西省省级历史文化名村
中国传统村落

朱佩泽宅，又称茶商住宅，在浮梁县沧溪村。朱佩泽是清末民初时期人，他主要活动在茶叶贸易方面，不见瓷器贸易活动记载。

沧溪村由于有独特的地理环境和丰富的自然资源，素有"七山二水半分田，半分道路和庄园"之称。沧溪村以种植茶叶、茶油为主，有茶园2500余亩。茶叶是支柱产业。

朱佩泽宅

　　沧溪人的恒德昌茶号，始创于乾隆年间，传至清咸丰、同治年间的朱葛己(1845—1907年)，已经历了六代。此时恒德昌茶号已开始在浮北桃墅、祁门历口和上海、武汉等地陆续设立分号，茶号以生产销售绿茶为主。光绪年间传至第七代，掌柜朱季芳（字如川，1869—1942年，朱葛己三弟朱福己长子）为顺应市场需要，开始改制红茶，所制红茶，条索紧细匀整、色泽乌润，冲泡时红艳的汤色晕散开来，犹如云龙吐雾，且香气馥郁持久，一投入市场，即供不应求。

　　为防止他人假冒，朱季芳在光绪年就注册了"恒德昌"商标。商标上明载："本号向在历山高峰采购云雾雨前白毫乌龙。不惜重资延聘名师，讲究新法，研究加工焙制。精益求精，色香味均达最优，实为寰球独一无二之珍品。近有影射之徒，鱼目混珠，凡各国洋商赐顾，须认明本号'云龙吐雾'为记，庶不致误，沧溪恒德昌谨启。"因李鸿章钟爱"恒德昌"红茶，在上海亲笔给朱季芳题写了"恒德昌"匾额，以示赞赏。

　　清末民初，朱贻泽、朱佩泽兄弟俩以参股形式，逐渐取得了"恒德昌"茶号的主导权。恒德昌茶号是江西最早的茶叶股份公司之一，总部设在沧溪村，负责收购和制作；上海设有分部，负责销售。

　　清末民初，浮梁各大茶号，大力开发红茶出口，生意越做越红火，影响也越来越大。1915年，浮梁严台村的"天祥"茶号生产的工夫红茶，获得了"巴拿马万国博览会"金奖。从此，浮梁工夫红茶与斯里兰卡的高地茶、印度的大吉岭茶一起，被列入世界三大高山茶。据茶业协会组织记载，恒德昌茶号为浮梁北部红茶销量最大、影响力最大的茶号之一，通过上海、天津口岸出口，声名远扬。

　　朱佩泽经营茶叶获利很多，在老家沧溪兴建住宅就是很自然的。朱佩泽故宅建于清末民初，属三间五架砖木结构的徽派建筑，由前院、门罩、封闭式天井、明堂、厢房、阁楼组成，面积约280平方米。前后两进均为三间，一明堂两厢房，在太师壁两侧用穿堂连接。后进比前进小。前后两进各有一靠壁天井，前大后小；前后两厅共一屋脊，称"脊翻两堂"。厢房上有楼房，楼梯设在前后太师壁之间。按民间说法，三间五架式民居，系朝廷定制，不可逾越，沧溪村民居均按此规建造。

　　朱佩泽宅木材用料颇大，明堂地上铺设木板，可见兴建时不惜成本。

房屋平面呈长方形，前后有两个天井，每个房间都可纳阳、通风。房屋空间大，厢房上有阁楼，潮湿季节可居住在阁楼上，保持干爽；炎热季节可居住在厢房里避暑。一般而言，随着时代的进步，人们对居住环境的认识在提高，对一些不合理的房屋结构会进行一些改造，越不合理的房子，改造得就越多。由于朱佩泽古宅建筑结构合理，居住在这里的朱氏子孙至今没有对房子进行任何改造。

朱佩泽宅装饰精致，具有当时当地民间文化内涵。如，大门顶部有官帽的形状，大门面部有内凹八字的空间。这就是清末民初江西民间常见的门，既要有升官之念想，又要有发财的实际行动。房屋外观随处可见石雕和砖雕，房屋内部可见木雕和书画。内容多为吉祥、祈福之意。方法多为谐音、象征手法，如，梅花鹿、仙鹤等动物，牡丹、仙桃、松树等植物，表示福禄寿以及开门迎客等意思。

时至今日朱佩泽等兄弟的子孙们仍有不少在收购、制作和销售茶叶。据沧溪老人介绍，长期以来朱佩泽后人一直在从事着茶叶、茶油的生产和

朱佩泽宅天井

销售，即使在计划经济、以粮为纲的时代，他们也没有断绝茶叶生产，因此，沧溪红茶生产和制作技术才被保存下来了。

恒德昌红茶，因品质一流，畅销海内外。1960年前后，中苏两国在对内外政策上出现重大分歧并引起尖锐的对立，而后两国关系得到缓和时俄罗斯曾点名要恒德昌红茶，故恒德昌茶号所产的工夫红茶也成为当年中国与俄罗斯重修旧好的桥梁与见证。2010年，"浮梁贡"茶叶被特选进入上海世博会，成为江西唯一入选世博会的茶叶精品。

朱佩泽宅木雕装饰

看着朱佩泽古宅明堂上悬挂着的"恒德昌"牌匾，摸着沧桑未变的屋柱，既有物是人非的感觉，又生探究百年老字号不倒的决心。在沧溪村考察的日子里，终于发现了恒德昌长盛不衰的秘诀：首先是茶叶材质好，其次是制茶环节一丝不苟，再次是销售诚实不欺。我想，这不就是今天提倡的经商之道吗？

# 董德富宅

德兴市 海口镇

江西省省级历史文化名镇
江西省省级传统村落

董德富宅，即清代茶商的住宅。位于德兴市海口村凤冠巷 60 号。它是目前海口村保存得最大最完整的古建筑。

因安徽乐安之水、江西李宅之水和浙江体泉之水在当地汇合聚流，号称"三川归一口"，故而得名海口。可见在帆船水运时代，海口是一个重要的交通枢纽和商品集散中心。

乐安河、李宅河和体泉河上游的茶叶都要用人力挑来海口，然后再由海口村码头装船，运往乐安河下游,途经的主要地点是海口——乐平(县)——万年(县)——鄱阳县(即饶州府城)，由此进入鄱阳湖，再经销各地。外地食盐等商品也由这条水道进来，因此，掌握这条商道就很容易成为当地最有实力的商人，当地除了茶商，谁还会有这样的实力呢？

据文献记载，董德富宅是清代茶商兴建的住宅。它坐北朝南，建筑面积 763 平方米，外围墙呈矩形状态，白墙灰瓦，南北墙上设有门和窗，东西墙高出屋顶，呈马头状，具有徽派建筑风格。

大门用条石垒砌，进门要跨三级台阶。大门两侧下方有石雕，内容为戏剧人物，刀法简洁精致，可惜由于"文化大革命"的破坏，人物的面相皆被损坏，看不清楚。门楣上有精致的砖雕，砖雕围护着一块矩形石匾，中间用篆体写着"紫气东来"。

进门后可见三进三天井七厢房，里面错落有致，排水系统良好，天井内铺设青石板，上两步是走廊，再上一步是厅堂，两边厢房铺木地板，又

董德富宅

比厅堂高一级。内部主梁多为抬梁式结构，在柱梁、围栏、窗板等处都有精美的木雕。在天井内摆放了一对大水缸，既可用于养鱼观赏，又可用于消防。每个房间空间较大，通风、纳阳效果良好。厢房上有阁楼，梅雨季节可居住在阁楼上，保持干爽；炎热季节可居住在厢房里避暑。冬天不冷，夏天不热；在屋内能看见天空，在雨天淤积不了污水；大门一关，院内自成体系。初看，这是一座巨大的明清徽派官宅；细看，则是一座清末民初暴富的商人住宅。

兴建该宅的主人是一个商人。海口村当时处于一个皖浙赣三省交界的位置，也可以说是三不管地带，有钱有势的人，做事比较大胆，越矩的事情，既然官府不管，相互交往的边民也不会多事，因此，茶商房子建得巨大，打破了上饶地区民宅不超过三间五架的传统。茶商住宅门前原建有马厩，说明屋主人当时拥有私人马队。海口老人说："中华人民共和国成立前，当地巨商不仅有船队，还有马队，因为海口是处于水陆码头位置，枯水季节，上游不能行船，只能靠畜运、靠人肩挑背驮，少不了马，进山收购茶叶也少不了马。"

董德富宅内，木柱横梁粗硕，装饰精美，雕刻手法多样。可见兴建的时候主人富有，不惜重金打造。从雕刻的内容来看，多是福寿康宁、祈求升官发财的纹饰。正厅横梁两端饰浮雕如意云纹，中间饰人物故事，阁楼围栏上饰变形万字纹、中间为人物故事浮雕，中堂天井处阁楼围栏饰团花、双凤和鸣、人物故事等纹饰，并雕有人物故事的条格纹窗板，斜撑是栩栩如生、神态逼真的镂雕狮子戏球。由此可见，这座茶商宅第，有显示实力的意识。

横梁木雕

人物故事石雕

兴建该住宅的主人是一个不谙世俗的人。从大门风格来看，与当时传统大门有两个不同的地方，一是大门两侧的墙体高于门顶，这在徽派建筑中是少有的，按清末民初的传统风格，大门顶部要高于两侧的墙体，呈官帽状，象征着"升官"之意。二是大门与墙体在一条线上，这在传统大门中也是少有的，清末民初的大门多呈内凹八字形，既象征"发财"之念，又有谦让之意。该宅规模巨大，结构科学，建材优质，装修主观，可见屋主人是一个财力雄厚的茶商。

目前海口村的古建筑已经所剩无几了，由于该宅建筑结构合理，在这里住很舒适，直到现在也没有发现什么问题。为了提高生活质量，引进了自来水，增修了抽水马桶和洗澡间。

江西省省级历史文化名镇

好古斋，又称柳暗花明宅，坐落在修水县山口镇老街上，是当地一栋典型的前店后宅式的清末民初建筑。

好古斋建筑占地面积 300 多平方米，坐东朝西，西面临街，东面临圃，建筑物内地面西高东低，呈层级状态，如屋内积水，可以很快排出屋外，设计十分合理。首先是面对街道的房间营业，其次是住宅，再次是厨房，最后是厕所和猪圈，门外是菜地，泔水喂猪，污秽物浇灌菜圃。这是一个在手工业时代农商一体的建筑，是一个可以持续发展的建筑。

建造好古斋的主人是客家人。他们在明末清初来到这里，栽种红薯、烟叶等外来作物，使山区得以开发，人口暴增，山口镇开始形成街市。好古斋主人尽管已经发财经商了，在老街这个水陆转换的交通枢纽建造了商宅，但仍不改初衷，一边经商，一边种菜，过着自力更生，丰衣足食的日子，不到万不得已不购买商品，能够自己生产的尽可能自己生产。这种客家人的思维方式，从好古斋建筑设计上得到了充分反映。

好古斋房屋外墙使用青砖，窗台以下是眠砌，以上是斗砌，从墙基础至屋顶，外表不刷石灰，清爽古朴。马头墙平行呈阶梯式跌落，构造简单。墙顶顺砖叠砌、上覆灰瓦。周边墙体起围护作用，支撑房屋重量的主要是木质柱梁框架。木柱立在石

好古斋外墙

础上，梁柱之间多采用穿斗式结构，也有少量的抬梁式结构。在柱子上直接支檩（桁），各柱之间用穿枋联结，构成一组排架，排架之间用构件连接，组成木质框架结构。屋顶灰瓦覆盖，铺瓦方式简单，没有装饰，灰瓦屋顶坡度平缓。屋子之间采用木板间隔，面临天井的墙壁，下部多使用青砖眠砌，上部使用木板和隔扇，木质构件上几乎没有雕镂纹饰。天井和过道地面使用石板铺地，厢房地面铺有隔空地板，用来防潮，厢房上建有阁楼，用来存放杂物。因长年使用，房间多有损毁，在维修过程中，房主人根据自己需要，使用了现代建筑材料，房间结构也有改动，已非昔日模样。

　　好古斋临街宽度50多米，可以开三间对外营业的店铺。自街道进入店铺需要跨上三个台阶。生意在宽敞的店里谈。据当地老同志说，来此做生意的人都是临近地区的商人，商品主要是山区的土特产，如茶叶、烟叶、夏布、草纸、蚕茧、药材等。对于常年老顾客，还可以在店里租厢房居住、存放货物，也就是说好古斋在清末民初的时候，不仅仅是一个出售货物的店面，还具有旅店的功能。

　　穿过好古斋店面，可见到中间很多厢房，过道很窄，两边各有小天井。现房主人姓赖，60岁左右，他告诉我们："我爷爷说，他小时候，这里的生意很红火，到处堆着货，住满了客人。客人不能叫商人，只能叫生意人，因为'商'与'丧'同音，叫商人不吉利。"观察厢房，每个房间都不阴暗潮湿，不是从北面的小天井，就是从南面的小天井通风纳阳，这种设计非常巧妙。

　　第二进院子比第一进大，建筑物围着天井而建，南北廊有小厢房，最

二进天井

三进后室

东面屋子比较大，用作厨房、厕所。打开后门，外面是猪圈和菜园。第二进院子是主人一家生活空间。

抗战时期，山口老街的生意萧条。好古斋偌大的房子，没有商人租住，只好租给人住家，曾经有一个国民党军官长期租住在这里。同样店面也租不出去，只好改行做无本生意。至今好古斋门面上留有民国时期的广告，上面写着"好古斋，刻字、修谱、镌篆图章"，这是不需要本钱的生意，但是收入微薄。

中华人民共和国成立后，山口老街的墟集开始恢复起来了，每月初一、十五当集，附近相邻数县的农民都会带着自己的土特产来这里交换，人头攒动，热闹非凡。好古斋的门面成为抢手货，个个商人都想租用。

"文化大革命"开始后，山口老街的墟集成为重点整治场地，物是人非，好古斋店面被改为住家，现在很多青年人都不知道这里曾经是一个热闹的街市。1973年，一次突来的大山洪，将整个山口老街淹没了。事后政府决定搬迁到地势更高更靠公路的地方重建，于是老街萧条了。

当我们问好古斋附近的老人："你们对老街变迁有什么看法？"没有想到他们非常正面地回答说："老街商业萧条是历史的必然。水路改公路，将原墟集搬到靠公路的市场上去，这是正确的选择；武乡河多年不通航，隔几年就来一次大洪水，为什么还要在这里建而毁，毁而建呢？"

新屋堂

江西省省级历史文化名村
中国传统村落

都昌县
鹤舍村

　　新屋堂是相对老屋堂而言的建筑，它是道光年间袁绍起在都昌县鹤舍村兴建的大小一致、结构相同的18栋房子，目前保存完好的一栋是鹤舍村社区活动中心。这栋建筑物内部有八间房间，比老屋堂房间小，所以又称为"小八间"。

新堂屋内景

新堂屋木窗

　　新屋堂地基高出墙外地面 1 米以上，进门需上几级台阶。大门两侧墙上见窗户和透窗。外墙基用花岗岩条石砌筑，条石之上砌青砖，外墙为青砖白缝错位砌筑，在靠近屋檐处有近 30 厘米宽的白粉抹灰外墙，在屋顶两侧，有凸起的马头墙。一望而知，这是一座青砖灰瓦，内部空间高大的江西滨湖地区民居。

　　新屋堂屋顶呈坡形，上盖灰瓦，内部顶上有木质天花板。屋顶由穿斗、抬梁混合式结构框架支撑，即横向榫卯交接柱梁，具有穿斗特征；在大梁上再抬上部梁架，又具有抬梁特征。

　　新屋堂上、下大厅之间，有一个大约 2 平方米的天井，建筑物内部房间由墙壁和门窗围合而成，内墙壁的装饰风格简洁、精练，多以线浮雕、线刻为主，体现墙体的完整、流畅和精致。

　　新屋堂门厅及天井两边有四间厢房。厢房分为两层，下层住人，上层储物。厢房门为格扇门，每扇门上部雕花，中间设格心，雕刻梅、兰、竹、菊等植物，如"玉兰吐香"等。在各扇门底部另雕刻传统伦理故事图案，如"苏武牧羊"等等。上厅两边有两间正房，太师壁旁有门通向后厅。后厅亦有小天井，两边有两间偏房，整座建筑物内共有八间房间。

新屋堂建造者袁绍起，他的父亲是袁藩杰。袁藩杰是袁宗本的二儿子。因家庭衰落，袁藩杰曾以卖豆腐为生，后跟随乡人去景德镇做瓷器生意。那个时期，景德镇瓷业人士主要由三大帮组成，一是都昌帮，二是徽州帮，三是杂帮。都昌仅一个县的人就组成一个帮，可见都昌人在景德镇从事瓷业活动的很多。经过多年摸爬滚打，袁藩杰终于在景德镇站住了脚跟。袁绍起从小在景德镇长大，对父亲的辛苦，看在眼里，记在心里，决心做出一番事业。他勤于学习，钻研经营，在父亲的帮助下，生意规模日益扩大，在清代道光年间，他终于成为景德镇都昌帮中最大的窑户老板。

鸦片战争之后，中国瓷器出口锐减，利润微薄，而且国内市场也遭到西方陶瓷挤压，景德镇瓷业逐渐萎缩，举步艰难。作为窑户大老板，袁绍起既不知道国外陶瓷运作情况，又得不到政府的引导，他只能根据传统经验判断经济得失，做出自己投资的决策。于是将经营陶瓷所得的利润，不是用于扩大再生产，而是用于投资农业和家乡住宅建设。

袁绍起是一个孝子。据记载，袁藩杰去世时，嘱咐他照顾兄弟，关照家族。于是他将所有的家产分成 7 份，7 位兄弟每人 1 份，其中包括景德镇瓷窑每个兄弟拥有一个。另外还在老家鹤舍村兴建 18 栋大小一致、结构相同的房子。据传这 18 栋房子，同日开工，同日上梁。每栋房子从材料到建造技法，从平面布局到细部装饰，无几差别。所有兄弟、子侄每人一栋，就此分家。

由于袁绍起的瓷业利润大量投入房地产和农业，无力也无心扩大瓷业再生产。在中国近代半殖民地半封建的状态下，他的瓷业无法与

木雕装饰

西方机械化生产、大资本运作的瓷业公司竞争，走向衰败不可避免。从袁绍起瓷业衰败的个案中，我们看到了景德镇瓷业在近代衰败的一个内在原因。

新本堂建筑群是瓷商利润堆积起来的建筑群，这个建筑群为袁氏族人的发展奠定了坚实的物质基础。清道光之后，鹤舍村袁氏人口快速繁衍，族人外出经商增多，一方面缓解了人多地少的生存压力，另一方面经商致富了的人，又为家乡子弟提供良好的读书环境。于是仕、儒、商三位一体的家庭屡见不鲜，即以商养学、以学入仕、以仕保商形成良性循环。如袁绍起的兄弟袁绍腾和袁绍清皆考取功名，荣耀乡里；在袁绍起的帮助下，袁绍河，在景德镇开了袁记义兴瓷窑。读书读到国学生的族人达20多位。

进入民国后，鹤舍村袁氏读书明理、外出闯荡的风气依然延续。先后在国民政府内任职的高级官员和将、校级军官达数十人。如，袁训芷，日本早稻田大学毕业，历任江西省教育厅咨议；袁成琬，清华大学肄业，历任江西义务女子学校校长等。在外经营瓷业的人员众多，较有名气的有袁训荡和袁训巍，他们兄弟俩将瓷器店开在南京，据说抗战前，南京只有三家瓷器店，袁氏就占了两家。

抗战爆发以来，社会动乱，经济凋敝，鹤舍村在外经商的人大多亏本陆续返家务农，在外办公务的人失业返村，或逃往他乡避难，鹤舍村袁氏求学、经商和做官之途陷入低潮。一时间，鹤舍村人浮于事，赋闲之人家家皆有，在国外留过学的人在家做一点小生意，享受过高等教育的人在家做私塾先生，这样的现象在鹤舍村屡见不鲜。日本鬼子占领都昌时，鹤舍村有文化的人绝大部分逃离家园，在国统区颠沛流离，直至抗战胜利后，才有人陆续返回家乡。

抗战时期鹤舍村的变迁，充分说明有国才有家，国破了再好的家也难存续的道理。时至今日，人们谈起这段历史，仍然有许多生动的历史故事，令人唏嘘不已。

懋德堂

江西省国家级历史文化名村
江西省省级历史文化名村
中国传统村落

婺源县
汪口村

　　懋德堂坐落在婺源县汪口村李家巷内，占地约250平方米，属于三进五间砖木结构的徽派建筑，该建筑规模宏大，用料讲究，装饰精美，内涵丰富，一看便知这是一座清代巨商豪宅。

　　懋德堂建造者是清代乾隆时期的儒商俞功臣，据传他是当时最成功的儒商，达到了"业至三省，家无白丁"程度，也就是说他的产业分布在三个省，家里男女老幼没有不识字的人，在当时这已经是非常了不起的成就。俞功臣不仅在汪口，在整个婺源县都是最有代表性的儒商。

懋德堂

懋德堂兴建于清朝乾隆六十年，建筑工料成本远超一般商宅，院门巨大，用三块美石构成，可见其造屋不惜成本。建筑物上的砖雕、石雕、木雕精美绝伦。清三代时期汪口村商人在外致富后返乡购置土地，建造大型豪宅，是一种比较普遍的现象，豪宅大小、精致程度则视财力大小而定。懋德堂兴建于清代最奢靡的时期，出自于汪口最富裕的巨商俞功臣之手，虽不如南昌汪山土库督抚官宅巨大，却比督抚官宅更加精美。

然而俞功臣并非天生富裕。他是自小家贫，父母克勤克俭，供他读书，希望他走读书做官的道路。俞功臣不仅学习能力过人，而且还喜欢观察商业经营。他年纪轻轻就考取举人，本可以三年后通过会试中进士，走学以致仕的道路，奈家贫无力支撑；本可以走幕僚师爷为官之路，但是他又看不惯官场腐败无能，于是弃官经商，靠自己的能力发家致富。

汪口村给俞功臣提供了经商致富的初始环境。该村是婺源东乡的水运码头，据旧县志记载，婺源的水运"通舟至此"。因河道水浅滩多，往来的船只较小，用木桩、溪石堆砌成溪埠，便于泊船和装卸货物，所以被戏称为"草鞋码头"。"草鞋码头"给汪口带来了繁荣，使之成为婺源东部重要的商品集散地，素有徽州古商埠之称。汪口村不仅有水运码头，还是陆路交通的要道。东去江湾、休宁，西去秋口、县城，都要经过汪口村，所以这里在宋代就已经形成了街道，被称为"官路正街"，在街道两边有着各种大小店铺，每天经过的行人、客商、官吏无数。俞功臣就是在这样的环境下长大的读书人，尽管是山里的孩子，但并不闭塞；尽管气力不如人，但他的见识过人。在本家长辈的帮扶下，很快成为一位成功的儒商。

俞功臣给自己的豪宅取名"懋德堂"，就是希望自己的子孙后代一定要重德、行德、积德，以德持家，以德传家。从俞功臣个人留下的一些事迹来看，他遵奉孔子的"己所不欲勿施于人，己欲达而达人"的儒家教条为行事原则。在家庭内部，他关爱每一个成员，他弟弟死得早，留下孤儿，他主动承担抚养责任，视如己出，为凝聚家庭力量作出了表率作用。在家族内部，他热心村中公益事业，村中没有人愿打理的祠堂、庙宇、家族公产等事物，他主动承担，遇有大型修建事项，他不仅要张罗，还要贴钱贴物，如俞氏宗祠被毁，他捐金修建。

住在懋德堂内的俞功臣十分重视教育。他不仅重视言教，更重视身教。

汪口村俞氏宗祠

他认为读书是正途，规定家里人人都要读书，不仅自己子孙要读书，就是佣人的小孩也可以免费在私塾里读书。他还捐款创办了存舆斋书院，原址就是现今汪口村酒坊巷的俞永钦宅。书院比私塾要高一个层次，私塾是启蒙教学的场所，书院是讲经论道的地方，入学生源都是经过了私塾教育的优秀弟子，入院任教人员都是聘请的饱学之士，因此创办书院，既要有远大的教育志向，又要有雄厚的财力支撑，俞功臣是一个当之无愧的儒商。

俞功臣为学为商的事迹，热心村中公益事业的言行在汪口村有着长久的影响。俞功臣之后，村中读书风气浓厚，家家户户，诵读不断；学习场所众多，村庄不大，私馆七八所，书院二三座；人口不多，名人不少，汪口村出任七品以上官员几十位，走出了一大批经营四方的儒商。受西学东渐的影响，宣统二年（1910），俞飏赓创办"私立汪口初等小学堂"，将私塾改为学堂，在中国是最早接受近代教育改革的山村之一。

村中流传："懋德堂保存完整，得益于俞功臣阴德庇护。""所谓阴德，就是汪口村人对道德高尚的人的后裔，都愿意给予帮助，对他遗留下来的建筑物都会予以保护。"老者又补充说："汪口村对恶人遗留下来的建筑不予保护，甚至不让他葬入祖坟山。""阴德"的作用，它不是迷信，而是道德的长久影响。

# 余庆堂

江西省国家级历史文化名村
江西省省级历史文化名村
中国传统村落

婺源县 延村

余庆堂位于婺源县延村四家巷西侧，是清朝乾隆年间江宁大茶商，延村人金时秋所兴建的豪宅，面积达 760 平方米，砖木结构。余庆堂得名于《易经》"积善之家，必有余庆"。

余庆堂外墙粉石灰，屋顶盖青瓦，在粉白的墙上，镶嵌着几个错落有致的洞窗，远远看去，黑白相间，给人以朴素淡雅的沧桑感。

在房屋两侧有高过屋脊的封火墙，由于采取了随屋面坡度呈阶梯跌落的形式，加上墙垣两头装设了"鹊尾式"座头，墙顶覆盖青瓦，远远看去，封火墙高低错落形似马头，故又称"马头墙"。墙体使用的是水磨青砖，砖缝间材料是石灰和桐油，墙体砌得十分坚固。在外墙基拐角部位安装了护墙石，皆为弧形，以避免碰伤行人，这种设计表达了主人与人为善的处世原则。

余庆堂

余庆堂仪门，又称石库门，由砖石砌成，远看就是一个商业的"商"字。门罩、门楼组成"商"字的上部，青石门枋空白处构成"口"字，门枋外砌筑青砖形成"门"字，合起来构成了一个"商"字。"商"字门有多种含义。其一，人人都从"商"字门下过，无论平民百姓，还是达官贵人，谁都离不开商业，意味着商业重要；其二，树立"商"字门，既显主人财大气粗，又有抗争不屈的心理。仪门前有一层台阶，寓意一帆风顺、平平安安。仪门没有开在正南方，而是开在西南方。这是受传统阴阳五行说的影响，在阴阳五行说中，商属金，南向属火，火克金，商人宅门朝南就犯了风水之忌。仪门与宅门之间有庭院，这样能够在宅门之前留下一定空间，既从视觉上给人以震慑，又保护了家居的私密。

"四水归堂"的天井前墙，正门内侧设有较宽阔的披檐。其功能有三：一可加强前墙的稳固；二能起遮雨作用，便于雨天穿脱蓑衣、收放雨伞；三能防止夏季阳光直晒。从风水角度看，这道披檐可以积财聚宝。

余庆堂建筑主体是三开间结构，左右各添一条夹弄，其中之一是楼梯间。明间正中设太师壁，壁前为前堂，壁后为后堂。前后堂都有左右厢房各一间，夹着一个天井。太师壁两侧向后退大约1米，正面、侧面各开一道门。旧时，平日只开侧向的门，以防从前堂看到后堂，因为前堂为礼仪中心，而后堂却是日常起居场所，女眷常在那儿活动，以避外人窥见。前堂厢房前檐全是隔扇窗，从正房中梠屋架向外侧闪出1米余，以便让正房次间能朝天井开一个窗子。窗扇外侧的窗台上，有一块雕饰得很华丽的"护净"，为的是在窗扇打开时可以遮挡一下次间的卧室。正房中央两根檐柱移到厢房前檐一线，使明间廊前稍微感到宽畅一点。正房次间和厢房之间有一段过道，次间和厢房的门都开在这里，此叫"退步"；退步靠天井端设门封闭，当前堂有外客时，便于女眷回避。正房的两条夹弄之一，便是用来连通一侧的退步和后堂的，小姐少女的卧室就紧挨着这条夹弄。过去，卧室、退步、夹弄和后堂，是年轻妇女的天地，她们就生活在这狭窄的、防范严密的"樊笼"里。次间多用板壁隔为前后间，连同前后厢房，底层一共有8间房。底层除天井和廊檐下铺青石板外，均铺木地板。楼上比较低矮，虽一般不作起居之用，但也用木板间隔。楼上明间中央建造一个做工精致的神龛，供奉三代先祖神位。

宅居后院，也是三间正屋加两间搭厢。后院在主体的一侧，从堂屋前经"退步"出耳门便进入后院天井。后院居室也是两层，但比前厅居室简陋，底层设厨房、柴舍、仓储和猪圈，上层住雇工。后院天井，多用斗立的石板砌成水池，通过落水管把檐溜水引入池中。后院还有"晒楼"，是加建的第三层，也是三间，但进深小，前檐敞开退到金柱，以纳阳光。朝阳面的中槛与二层腰檐的上缘齐平，中槛上的方形洞孔，用来插一排向前挑出的杉木条，以便在上面摆放竹编的圆盘和箩筐，晾晒东西。

余庆堂建筑装饰精美。前厅大梁上的木雕是变形蝙蝠图纹，左右梁雕刻海浪纹样，两者组合寓意为"福如东海"；正梁下雕"双凤朝阳"，两侧横枋上雕"寿比南山"、"天官赐福"；左厢锁腰板雕刻有柏、鹿、麒麟，寓意分别"送子"、"禄"、"寿"，太阳下的山羊成为"三羊开泰"。其次是后堂天井水道口石雕，在后堂天井边护墙石下，石雕为象征祥瑞的麒麟图案，只见麒麟三足踏在古钱上，另一足下的金钱则作为天井的地漏刻在青石板上，意为留财与儿孙。余庆堂建筑上的装饰，内容吉祥，方法谐音，技巧高超，代表了清代婺源典型木雕、石雕和砖雕水平。

余庆堂前厅堂是家庭祭祀、庆典、议事、会客、饮宴等重要活动的场所，前厅豪华，后庭简陋，主人在前厅讨论商务，在后庭谈论家务。

兴建余庆堂的主人金时秋，实为匈奴人后裔。南匈奴投降汉朝，武帝封南匈奴休屠王姓"金"，王太子金日磾一支受到重用，后发展为中原望族。据家谱记载，延村金氏实为金日磾后裔。金时秋少年时家贫，正如婺源民谚所说："前世不修，生在徽州，十三四岁，往外一丢！"为了生存，金时秋四兄弟，三兄弟在外经商闯荡，留下一个弟弟金芳在家照顾父母。

金氏兄弟经商成功后，各自捐纳获取功名，建造豪宅，同时也给村里做了不少公益事业。据文献记载，四兄弟在乾隆初年共同出资建造了延村金氏祖祠——敬爱堂；老三金芬（谱名金时煜）独力建造金氏支房祠堂——本仁堂；帮助本族人员，在年份不好时，他们会焚烧借欠券契；救济灾民，施粥烹茗，供路人饮用；造福乡里，捐款造路修桥。

延村是一个多姓村庄，有汪、程、金、刘、徐、罗、王等姓氏，村民在这里世代繁衍，和睦相处，共同推动着中华民族的文明进步。

四进屋

婺源县
西冲村

江西省省级历史文化名村
中国传统村落

四进屋外观

四进屋，又称木材商宅第，位于婺源县思口镇的西冲村。西冲村坐落于六水朝西的山谷地上，四周山环水绕，村内白墙青瓦，是一个适合居住的村庄。

四进屋，即有四个天井的大房子，是西冲村34世木材商俞本仲所建的私人住宅。原建造了3幢同样大小的大房子，1栋现已焚毁，其他2栋基本保存完好。每栋建筑面积都在900平方米以上，在西冲村古民居中属于大型建筑物。

俞本仲，清代嘉道时期的木材商人，从家谱资料看，他属于西冲俞氏34世，在经营木材生意过程中，获利丰厚，晚年荣归故里，建造 3 栋四进屋，打算给三个儿子每人分一栋。

四进屋的大门做得非常气派，白墙青瓦，大门高在 4 米以上，两边的墙在 6 米以上，门与墙在一条线上，属一字门，而不是内凹八字门，这种门一看就知道是徽商豪宅的大门，有经济实力，对自己有利的民俗就采纳，对限制自己的民俗就弃而不用，只按实用规则造屋。

四进屋的四周围护墙很高，皆在 6 米以上，为了不影响通风效果，四进屋大门高度建得低于两边的外墙；两侧的外墙 2 米以上处开条形窗，4 米以上开洞窗。这种高墙小窗民居，虽然建筑成本高，但防盗、防火功能好，便于宅院内通风、纳阳，只有富商才建造得起，一般农民无法望其项背。然而，在西冲村像这样高墙厚门的建筑物却有不少。村民告诉我们说，西冲村商人曾是徽商中从事木材贸易的主要团队，在清代乾隆、嘉庆期间获得了大量财富，返乡做房子成为当时热潮，有钱的老板建的房子高大豪华，没钱的打工仔也建瓦房，因为都是本族人，老板会借支或者赠送一部分建房款。翻阅现存的资料，发现村民讲的确有道理。西冲村在清代中期以来重视家族团队经商，关于团队成员相互帮衬的记载确有不少。

四进屋有前堂、二堂、三堂和后进。大门与厅堂之间有前天井。前天井两侧有两间耳房，长方形的天井由条石砌成，有明砌，也有凿有圆孔的条石覆盖的天井水沟。天井之后为厅堂，有方砖墁地，厅堂两侧有厢房，厢房铺有木质地板。耳房与主房之间夹成穿堂。厅堂后有一道木壁称太师壁，以作前后房屋的隔断，表示第一单元的结束。太师壁两侧有可供进出的门，木壁前置神龛，供桌、八仙桌和太师椅，上方预制木托，以作悬挂木匾的支点。通过太师壁后是第二进，依次延伸复制三进和四进。前堂为客厅，婚丧嫁娶等事情都在前堂举办，二进为住宿之用，三进为厨房，四进不仅砌筑了精巧的水池，同时建有卫

四进屋厅堂

生间和关牲口的房间。这样的建筑形式，在整个婺源县农村称得上独一无二。

西冲最早经营木材的商人是 28 世的俞希治，大约在明代万历年间。据民国版的《星源西冲俞氏宗谱》记载，俞希治"贩木游吴越，转毂所至，乐与诸豪长游雅，以然诺取重，居息日赢，田连叶陌，事父母孝"。此后西冲村人的木材生意一度陷入低迷，直到清朝初年，俞氏 31 世的俞文志和俞文训等人外出经营木材，正式掀起了西冲俞氏经营木材的热潮。清代康熙时期，俞氏 32 世的木材商逐渐改变前辈单打独斗的局面，开始团队经营，使得木材生意更为红火。俞氏 33 世俊字辈，家族木材商团队明显扩大，仅从《星源俞氏宗谱》卷十四《传文》收入的 33 世俊字辈的 22 人里面，可以明确为木材商有 19 人。乾隆、嘉庆时期，俞氏 34 世本字辈、35 世光字辈、36 世明字辈，在前人基础上生意越做越大，成功回归故里的木材商人众多。道光之后，36 世开始出现由木材商转茶商的情况，如族谱中记载的"奉父木业后由木业转而业茶粤东"，可见木材业利润微薄了，然而直到民国期间，西冲村俞氏仍有人在经营木材生意，不过此时已经是惨淡经营了。

凡来这里参观的人，只要稍微注意观察，都可以发现，西冲村最高大宏伟、坚固漂亮、数量众多的古建筑物，基本上都是在乾嘉时期兴建的，此前的古建筑量少、矮小，此后的古建筑单薄、简陋。显然这种古建筑现象与西冲村人经营木材的历史紧密相关，木材经营又与中国社会兴衰紧密相连。

四进屋，一座历经沧桑的商宅，正在向你我诉说着过往的历史，只要我们稍加梳理，就可以发现曾经在这里发生过的家族变迁故事和木材商兴衰的历程。

诒裕堂

婺源县
理坑村

江西省国家级历史文化名村
江西省省级历史文化名村
中国传统村落

诒裕堂位于婺源县理坑村的北部，为清道光年间的建筑物。因屋内前堂明间的前檐骑门梁中央上方刻有"九世同居"四字，故诒裕堂又被人习惯称为"九世同居"楼。该建筑是茶商余显辉发家后，把积攒的钱财携归故里大兴土木，建立起来的一栋宅第，为在乡里敬宗睦族，安度晚年所用。

诒裕堂门头

诒裕堂是理坑村雕饰繁杂、华丽的商宅之一。由圆拱门入庭院后，正面大门为石库门枋，水磨青砖门面，门头砖雕精湛，门罩翘角飞檐，飞檐下花枋有灵芝砖拱，极富装饰趣味。大门上方建有门罩，门罩脊端有禳解火灾的鳌鱼，高高甩起尾巴，扭着身躯向下游动，显得栩栩如生。

诒裕堂的主体屋形制，虽是一个有"退步"的普通的三间两厢，可其室内的装饰却繁华异常。正面月梁中央雕"九世同居"图，雕着一排人物，人物中坐一白髯老者，左右共有九人官服趋奉，另有小童二人，人物图案上方刻有"九世同居"四字。天井左右两侧的梁枋上，雕刻着脍炙人口的戏文，左边为"满堂福"图，图下是"三英战吕布"；右边是"九寿宫"图，

诒裕堂楼阁

图下是"穆桂英戏挑杨宗保"。戏文图案旁还雕有牡丹、荷花、菊花、蜡梅等四季花卉，寓意着"四季发财"。梁柱之间，饰有细细的木雕挂落。月梁柱头下的一对木狮雕刻尤为精美，雄狮居左，母狮处右，木狮上还重叠刻出"和合二仙"，形象非常生动。厅堂太师壁两旁的屏门上雕刻"冰梅图"，片片梅花飘落在一方方寒森森的冰裂纹上，显然寓示着严冬过去、春天即将来到人间和"梅花香自苦寒来"的深刻含义。像"冰梅图"这种以建筑构件烘托"贾而好儒"气氛、处处寓含人生哲理的做法，在婺源商宅中所见极多。前厢房的"护净"和"退步"的隔扇，雕刻亦极其精美。护净栏板上刻的人物故事，构图饱满，透视多层。退步的隔扇门，满铺细木棂的格心上，有雕着仕女人物的开光盒子；门扇的束腰板也刻人物；裙板上则浅浅地刻吉祥寓意的花瓶、花卉、缠枝花与卷草。

　　主体屋的二楼，明间中央造一座祖宗神橱。神橱像个小小的建筑模型，做工非常精巧，玲珑剔透。神橱内供奉三代先祖神位。旧时，凡新屋落成，先要将神主迁入，然后才能搬进家具和用具。

　　诒裕堂的主体屋虽普通，但它的附属建筑却多而复杂。主体屋之后是一个四面围合的天井院，为厨房、仓储、杂务等用；侧面有晒楼。晒楼是加建的第三层，楼面亦为三间，但进深小，前檐敞开退到金柱，以纳阳光。朝阳面的中槛与二层腰檐的上缘齐平，中槛上的洞孔插有一排向前挑出的杉木条，形同搁栅，以便人们在上面放置竹编的圆簸箕和笆篓，晾晒稻谷、菜干、辣椒等农作物。天井院后面又是一个三间两搭厢，朝向与主体屋成90°角，过去是供伙计和佣工居住的。

　　诒裕堂建筑外墙上部设置小洞窗、下部开设长条形射窗。这是为了防止偷盗，不让人从窗户爬进来而特意设计的；为了防止火灾，外墙上的窗户一律外小里大，如若邻家发生火灾，只需用棉絮浸水将窗洞一堵，即可阻止火苗蹿入；另外，小窗户设置还与"暗室生财"的风水观有关。

　　婺源县理坑商人在经商致富以后，大多能不惜巨资投入兴学支教、筑桥修路、赈灾济困、扶寡救孤、施茶济药等公益，以此来回报乡里。如：清代理坑人余圣材，"凡修桥路义举，靡不乐输"；余应鹏兴学立教，"成就后进。至于祠庙、桥路诸凡善举，无不倾囊俲助"；余泰彬"凡遇义举，不吝挥金"。也有一些商人像余显辉那样在家乡大兴土木建豪宅，理坑就是靠着这些在外商人积攒的银两，整饬着村落的环境，至今遗留下一幢幢规模宏伟且内部装修精致的明清商宅。

　　听着商人成功的故事，眼观宏伟的宅第，一代代理坑后生，被激励着外出闯荡，不富不归。理坑地处崇山峻岭之中，受地理环境限制，地狭土瘠，可耕土地少，经长期繁衍，人口超出了当地生态承载能力。所种庄稼时常会遭到野兽（如野猪、猴子和狗熊等）的糟蹋，故粮食自给严重不足，这给村民生活带来了极大的困难。再说十年寒窗、金榜题名，能够挤进官僚集团中的人毕竟是少数，所以，除"孝弟力田"外，"弃儒业贾"就成了大多数人的主要出路。正所谓"十三四岁，往外一丢"和"十三在邑，十七在天下"，说的就是由于山区地狭人稠的生存状况。村民不得不背井离乡，向外寻求生路。他们在崎岖的小路上艰难地跋涉，一步一步走出贫瘠的山村，走上"服贾四方"、"以商为命"的道路。从《婺源县志》所载的人物条目中可以看出，昔日理坑村之经商者，大多都是因为家贫而就商的，如：余泰济（字利川）"幼业儒，以亲老家贫，经商江右"；余大昉（字庭槐）也是因"家贫弃儒就商，先贾于赣，继贸于亳"；余锡升（字应蕃）亦为"家贫罢读，由业茶起家"等。这说明，当时大多数成功的人都是因家贫，欲改变现状，流往他乡，历经坎坷，终于在商业上获得成功。

　　发家回来的理坑新富们，又将重复先辈们所做的事情，一方面回报乡里，一方面建立自己的豪宅。从宜居角度看，新一代的宅第一般比老的宅邸更加时髦，也更加合理。

天源德

鹰潭市
上清镇

江西省国家级历史文化名镇
江西省省级历史文化名镇

　　上清镇在明清时期药业发达，药栈很多。至解放初期尚有六家，以"天"字号居多。其中以"天源德"药栈规模最大。店主为樟树人曹氏。天源德建于清末，占地2788平方米，砖木结构，分为正房、马厩、储藏间、杂物间等几部分。店面为三进门，头门经营药材零售；二门经营批发；三门

天源德药栈

加工、炮制药材以及主人居住，面积最大。
这是一般药店的格局。

　　天源德药店是一栋具有清末民初特点的
建筑，既保存了传统建筑基本的结构，又有
创新，在大门两边的墙体上，开了两扇长条
形窗户，如此一来，既可将光线引入室内，
又可防止小偷入室偷盗，还可避免室内设天
井潮气太重的弊端。既大量使用传统砖木材
料，又引进西方玻璃材料——明瓦，在屋顶
上分别开着四角、八角形的雕花天窗，天窗
上盖着明瓦，使房内比传统建筑更加明亮。
特别值得一提的是天源德房子的外墙，藏有
防盗功能。外侧由砖所砌，里侧是木板，在
青砖与木板之间还夹放瓦片。据专家分析，
这种设计具有防盗功能，一旦有人企图破墙
入室，瓦片清脆，容易发出响声，引起店内
人员注意，起到报警作用。

天源德正门

　　天源德药栈大门是传统的石质大门，门楣上挂着"天源德"横匾，大
门两边的对联为："天生灵草增春色，源溯途径得秘方。"这是一副藏字
联，上下联首字分别藏"天"和"源"两字。从内容来看具有道教神秘色
彩，也暗藏本店的经营特色。

　　天源德药栈在大堂供奉行业神——神农。传说神农不仅是中国农耕文
明的开创者，也是中国药业的发现者。神农尝遍百草，发现药材，教人治
病，被后人誉为"药王"。《神农本草经》就是伪托他的名声而流传下来
的著作。药栈每年定期举行祭祀仪式，十分热闹。

　　天源德老板姓曹，来自药都樟树。樟树药业历史上来看，与道教有着
千丝万缕的关系，据史料记载，著名道教创始人之一葛玄（164—244），
字孝先，丹阳句容人，于东汉建安七年（202），在淦阳（今樟树市）东
南阁皂山修道，采药炼丹，长达40余年。从此采药、制药和售药就在樟
树这个地方生根发芽了，发展至明清时期，樟树有"药不过樟树不齐，药

不到樟树不灵"的美誉，樟树享有中国药都称号。曹老板一家数代人在上清镇经营药业，十分熟悉药材经营。

上清镇是天师府所在地，每年来这里朝圣的人有几十万之多。店主人有意借助天师道的影响来销售药材。据说当年天源德常有道士出入，既有来买药的道士，也有来坐诊的道士，有人称天源德为"道士药店"。民间对道士看病习以为常，大家都知道"十道九医"的说法。有疑难病患者还不远千里，专门来上清镇请道士治病。过去民间流行生病就是鬼缠身的说法，道士是捉鬼驱邪的，中药是调养补身的。天源德药栈的药方具备了这两种功能，在上清镇及周边地区广受民间欢迎。

天源德道士开出来的药方与其他药店医生开出来的药方确有不同之处，即每一个药方都是将中药与天师道符箓混合在一起的药方。单从药方来看，具备了治病的功能，单从符箓来看，具备了天师道的驱邪作用。在明清时期江西人对于天师道画符驱邪非常相信，如果你不画符治病的话，

上清镇老街

人们就不来你这里看病，有的
人甚至会去专门画符治病的江
湖道士处看病，往往耽误疾病
治疗。从社会实际出发，与其
劝说人们不要相信画符治病，
不如引导人们画符与吃药同时
进行。符箓治心病，中药治身
病。正如道士朱良月所说，"因
病用药，以诚治心。心既能诚，
则药自灵、病自愈矣"。

天源德内天井

据说当年天源德道士在画
符之前，要沐浴更衣，燃香祷告，然后画符，符箓颜色有黑色，有红色，
有紫色的，根据不同病情，符箓图案不同，颜色也不同。同样的药方，其
他药店的方子治不好病，天源德的方子就可以治好病。究其原因，主要有
二个：（1）符箓不是用墨汁所写，而是用药汁所写，所以颜色不同，例
如用朱砂所写，显红色，焚烧后化在水中仍有镇静作用。当年的百姓由于
传统的认识和缺乏医学知识，在心理上更相信道士；（2）道士针对不同
的病情，施展不同的符箓，叮嘱病人要心诚，坚持按照道士的叮嘱行事，
坚信吃天源德的药，邪气可驱，病可除，否则就治不好病。这实际上起到
了医疗上的心理暗示作用。

进入民国后，人们思想意识逐渐开放，西医越来越被人们接受，来看
病的人一年比一年少，药栈生意开始每况愈下。药栈原名"天源堂"，辛
亥革命后换了年轻的老板，在经营方式上，新老板不如父辈诚信，药品有
以次充优，以假充真的现象。民国十七年，药栈来了一位外地女道士，她
购买本店特效止血药，结果治疗效果不佳。她是一位老主顾，对药性十分
了解，一怒之下，在药栈当众揭露，使售假药行为败露。女道士指着"天
源堂"招牌规劝新主人，售药要以"德"为先，才能延续祖产。新主人惭
愧万分，决心痛改前非，将"天源堂"改名为"天源德"，继续保持祖辈
的诚实经营风格，此后天源德一直成为人们信任的药店，也是上清镇最大
的药店。

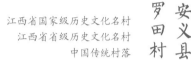

江西省国家级历史文化名村
江西省省级历史文化名村
中国传统村落

　　世大夫第是清代南昌地区最大的商人住宅之一，位于山水田园环绕家族聚居的安义县罗田村。

　　兴建该宅的人名叫黄秀文，生于清康熙庚寅年（1710），14岁开始在水运码头吴城镇学徒、经商，成巨商后，开始在家乡建造巨宅。世大夫第自乾隆初年开始兴建，至乾隆辛巳年（1761）主体建筑正屋落成，后又

世大夫第门头

在左右两侧建了三列，加上附属的一些廊屋，总共占地 5500 平方米，共花费了 38 年的时间。世大夫第共计有厅堂 12 个，厢房 36 对，起居室 108 间，天井 48 个，所以这栋房子又被称为"48 个天井"。现保存有 4 条巷、28 个天井、60 个房间、11 个厅堂、3 个过堂。

黄秀文没有做过官，只捐纳取得了监生身份。在住宅落成时，他的儿子考取了举人功名，并获得了奉直大夫衔。因此，他在大门口立了"世大夫第"的匾额，意思是：我这栋住宅将是世代出官员的住宅。

正屋的前堂，是管家和门卫居住、待命的地方。横梁上有一块匾，匾文是"克赞屏垣"四个字，意思是可以称赞为卫国的城墙。再进去就是过堂，过堂有天井、

门头石雕

花缸，两边是子孙们的居室，房间的窗子精雕细刻，窗扇上是透光的花草组合图案，窗框下方则是三国人物的故事，如桃园结义、刘备招亲、三英战吕布、火烧赤壁等，刻画细腻，栩栩如生。

正屋的堂门气势和精致远远超过了大门，都是用麻石和祭红石建成的，上面是一块祭红石的石匾，匾文为"爽挹西岚"，意思是西边的山风让人感到畅快，以表示房屋的坐落、风水好。匾的四周均有浮雕或镂雕的装饰，如状元出游、麒麟献瑞、鲤鱼跳龙门、凤翥云腾、耕牛闹春等图案，都是表示富贵吉祥的内容，工艺精湛。正屋的中堂，正梁上的匾文是"启绪堂"三字，意思是这是处理大事的地方。

过了堂门便是天井，上面露出一大块天空，既利于采光，又利于通风。下面是麻石砌成的地面和水沟，两侧是拦水墙，隔出的空间是停轿间。下雨时雨水从天井的井檐流入沟中，水沟与屋外的下水道相连，不会积在沟里。檐下有两口大陶缸，既可养鱼观赏，又可储水防火。"世大夫第"除了堂井外，还有巷井、房井、场井、过道井等，都是为采光和方便倒水而

窗棂木雕

设的。

过了天井便是"接官厅"，是接待客人和举办家庭盛事的地方。地面铺了地砖，屋柱全部缠了麻布、刷上生漆，当初很是富丽堂皇。前梁上的匾是"义成名立"四个字，意思是做到了仁义，也就有了名声。中堂正面板壁叫中门，平时作为一方墙壁，可以挂设字画。但逢大喜之日或贵宾来临，则将其打开，即所谓"大开中门"，以示隆重。两厢是两个大房间，最初是黄秀文和他两房夫人的起居室。

正后堂的堂名称"绥福堂"，是安享福禄之意，作为供奉、祭祀祖先的地方。上面有始祖黄克昌、族亲黄庭坚、屋主黄秀文的画像。

偏中堂的堂名"叙彝堂"，从正中堂的侧门进入左侧第一列房屋便是。"叙彝"是摆道理讲规矩的意思，因此这个厅堂就是评理正纪、调解纠纷之处。

偏前堂的堂名称"宣化堂"，是子弟看书、写字、吟诗、作画的地方，所谓"宣化"就是宣扬教化之意，宣扬孔孟之道，以礼教培育人。

偏后堂的堂名称"敦厚堂"，是家人自由集中、闲坐聊天的场所，要求大家诚朴宽厚，和睦相处，所以名以"敦厚"。

正后堂的堂名称"天和堂"。"天和"是指自然的祥和之气，所以这个厅堂是长辈颐养天年之处。还有"典房"和廊房。所谓"典房",是开典当铺的房子,所谓"廊房"是男仆和长工们住的地方,现在只剩下一些断墙残壁了。

罗田村世大夫第商宅以砖、木、石为原料,以木构架为主。梁架多用料硕大,且注重装饰,立柱用料也颇粗大,上部稍细。梁托、爪柱、叉手、霸拳、雀替(明代为丁头拱)、斜撑等大多雕刻花纹、线脚。梁架构件的巧妙组合和装修使工艺技术与艺术手法相交融,达到了珠联璧合的妙境。

罗田村世大夫第建筑是坐东朝西,为什么不是通常所见的坐北朝南呢?当地村民解释说,因为宅主人黄秀文是经商之人,商属金,而南方属火,对生意人而言,住宅如果是朝南的话则是大不祥,因而房屋朝向采用坐东朝西。经建筑学者考察认为,罗田村建筑大部分都是坐东朝西的,主要原因是地势东高西低,为开阔眼界,便于对外交往,民居朝向最好的选择就是坐东朝西。一些有钱人家,为了避免冬天寒冷的西风,在大门前建一道壁照,阻挡西风。

罗田村世大夫第建筑中看不到枪眼、观望孔等防卫性质的设施。这是因为罗田是单一姓氏的大村庄,村内家族管理严格,内部关系和谐。世大夫第内所设的典当铺内有一副对联,上面写着"不取分毫之利,聊申乡党之谊"。意思是:不收取一分一毫利息,仅为表达对乡亲的情谊。可见黄秀文立典当铺的本意是帮助族人。

黄秀文尽管是一个商人,但他非常重视教育。他有六个儿子,分别获得举人、贡生、明经、监生的名号和儒林郎、文林郎、奉直大夫官职,有一孙子任安徽五河县知县。可见黄秀文重视教育,立了家规,希望后代走读书做官的道路。罗田村前街还有一栋"世大夫第"住宅,是黄秀文后代黄友山的。黄友山曾当过九江府、袁州府教谕和教授,是七品官,他认为自己可以承袭祖上府第的名称,于清光绪初年,将自己兴建的宅第也称世大夫第,不过此世大夫第不再是商人的住宅,而是官员的住宅了。

印子屋

丰城市
白马寨村

江西省省级历史文化名村
中国传统村落

印子屋外观

印子屋在江西省丰城市白马寨村，是目前江西省难得一见的明清时期江右商帮留下来的古宅。在白马寨现存明清古民居80余栋，既有江西中部常见的硬山顶和马头墙这一常见风格的民居，又有一种别处不多见的四面高墙围住，方盒状的民居，我们称它为"印子屋"。这种建筑虽然工料花费多、成本高，但坚固、防盗功能好。代表性建筑有"施於有政"四宅，"派分晋阳"宅、"爱日留晖"等10余栋印子屋。

白马商人形成于清代乾隆、嘉庆时期，是江右商帮的一支。此时国家空前统一，社会相对稳定，随着番薯西种，江西人口大量向大西南迁徙，云贵川得以开发，此时正是白马商人迅猛发展的时期。

杨祖兰家族属于白马寨杨氏幼四房，杨祖兰高祖杨学锴是白马寨最早外出经商者之一，到第二代、第三代白马商人便是以兄弟子侄为集团经商。从乾隆时期杨学锴到湘黔开创基业，到光绪时期杨祖兰兄弟商学分工、杨熙纯主持商务活动时止，共六代经商，100多年长盛不衰。杨祖兰祖父杨亨是白马商人自贵州铜仁移商湖南常德后的承上启下的重要人物。杨亨主要活动在嘉庆、道光年间，于常德浦市经营典当业，家族欲学商者多在他和杨嘉（黻堂）门下。杨亨发迹以后，用各种办法与官府接上关系，如其亲家为丰城籍翰林侍读学士徐士谷；女婿为四川德阳知县毛隆辅；供孙子杨祖兰参加科举考试，由进士仕至度支部员外郎；供外孙毛庆蕃由进士仕至护理陕甘总督、甘肃布政使。同时不断扩大他的生意，白马寨杨氏子弟动则上百号人在贵州铜仁至湖南常德一带经营典当业生意，后又进入钱庄金融业。

印子屋内的匾额

白马商人发迹后，将大量的钱财投资购买老家的田地，兴建房产，同时娶漂亮的女人回家，金屋藏娇，以示功成名就。丰城有一句古谚叫"铁路头的米，白马寨的女"，意思是如果能吃上铁路头这个地方生产的米，能娶到白马寨的女人，就是人生最大

印子屋墙上的浮雕

的幸事。长期以来，白马寨富商将漂亮姑娘娶回家生儿育女，重视儿女教育，经过数代的基因选择，白马寨姑娘个个生得白净漂亮，知书达理，楚楚动人。20世纪60年代著名电影《英雄儿女》，其中饰王芳的演员，就出生于白马寨。

印子屋，是白马寨富商在老家兴建的商人住宅。它主要特征：平面呈正方形或长方形；立体面呈高墙厚门；色彩呈青砖灰瓦；装修豪华奢侈，高墙内的建筑与江西传统的天井民居雷同。一般印子屋结构是：采用内凹八字门，进出大门不影响过往行人。入大门后有照壁，从两侧进出，大门与厅堂之间有前天井。前天井两侧有两间耳房，主要用于存放杂物与农具。长方形的天井多为条石砌成，有明砌，也有用凿有圆孔的条石覆盖的天井水沟。天井大的可设置一个石础，上置大型鱼缸，既可养鱼，又可防火，其功用类似于故宫各处摆放的"太平缸"。天井之后为厅堂，一般有方砖墁地，厅堂两侧为厢房，铺有木质地板，以作主要起居之所。耳房与主房之间夹成穿堂，并开有侧门，或通街巷，或与邻宅穿堂相接。厅堂后一定有一道木壁称太师壁，以作前后房屋的隔断，表示第一单元的结束。木壁两侧有可供出入的门，木壁前置神龛、供桌和桌椅，上方预制木托，以作悬挂木匾的支点。

通过太师壁以后，如果宅第有第二进，则依次延伸复制，如果没有则设厨房、厕所，后墙开一个半天井，有的后墙设后门，有的则无。

白马寨印子屋是以南昌古建筑风格为基础，吸收湘西商人住宅特点形成的一种建筑。白马寨印子屋围墙高，一般都在5米以上。建高围墙，显然是为了防范。白马寨男人常年在外做生意，在老家里留下来的大多是女性、儿童和老弱病残，为了财产安全，不得不建高墙厚门。白马寨商人，在贵州、湖南多从事典当业，虽获利甚厚，但也容易与人结怨，为了防止仇家报复，不得不建高墙厚门，当然也是为了防范女人出轨，不被外人勾引。

白马寨印子屋受湘西商业建筑影响。白马寨商人常年在贵州铜仁、湖南常德两地之间从事商业活动，经常把湘西的妹子娶回家，受湘西建筑文

印子屋天井

白马寨村马头墙

化影响，这是很自然的事情。湖南洪江市有许多商人住宅呈四方形，高围墙，里面围绕着天井建造屋子，他们称这种房子为"印子屋"。洪江是一个商业交汇之地，江西商人特别多，这里的建筑屋借鉴了各地的风格，同时根据本地特点，建造的印子屋特别多。洪江地形与丰城地形不同，洪江地处山区，空气上下对流频繁，雨水渗透快，印子屋在洪江不存在透气不好的问题。白马商人借鉴湘西建筑文化，没有经过深思熟虑，把印子屋这种防盗建筑模式借来了，而没有考虑到区域不同，效果有别的后果。

丰城地处赣抚平原，需要纳阳、通风效果好的建筑，而印子屋远远达不到这个目标。

近仁堂

丰城市
厚板塘村

江西省省级历史文化名村
中国传统村落

　　近仁堂，又称红顶商人豪宅，就是现今的丰城市厚板塘村古建筑群。它是由厚板塘村涂氏 12 世祖涂士良在清代道光年间兴建。建筑面积近4000 平方米，坐北朝南，由南往北纵向排列。

　　近仁堂地处赣抚平原，东南西三面环水，分别为袁氏塘、月塘、吴氏塘，东面的港汊直通丰水河和赣江，因此整个宅基高出村地平面 1.7 米以上。进门有麻石台阶拾级而上，很明显在建造时既有防范水涝实用之意，又有"步步高升"之含意。

　　近仁堂建筑群由西向东，由进士第、侯祚东绵、丛桂流芳、大夫第、通奉第、文林第六组建筑依次排列组成，大致呈南北向的长方形。纵向最长的宅子有六厅之多，里面既有大小十二天井的主人居室，又有一进一厅的普通民房、书房、祠堂和佛堂，还有下人使用的马房、厨房、油房、船房等。自丛桂流芳以东，是近仁堂的三大核心建筑。它们从前至后，主体建筑都是六进，呈前低后高之势。建在近仁堂东南墙外的逊守公祠，既突出了开村世祖涂逊孚、涂守孚两人的地位，又是供全村族人祭拜的场所。北面和西面则为村中其他族人的住房。

　　近仁堂建筑结构合理，拥有完整的下水道体系，在每座天井的南侧都有一个井式水净化池，生活污水、雨水分别流入净化池沉淀、净化，然后经下水道流出进入古宅前的水塘，下水道均为暗道。这一净化池装置不但保证了下水道经 100 多年不堵，还确保了古宅前的三口水塘无污染之忧。

在近仁堂内部，各主体建筑物之间均有巷道相隔，巷道宽 1.40 米，以花岗岩石条铺砌。两栋建筑道门相对的巷道上方，建有凉亭式的雨棚。巷道有门，前门额分别为文林第和丛桂流芳。整个建筑组群平面呈东西长边的长方形。外观聚为一家，内则数栋相连，门门相通。既有利于安全防卫，又利于家族成员的沟通互助。组群内流通路线布置合理，井井有条，但外人初到，又有如入迷宫，曲径通幽，步步佳境。

近仁堂内部各栋建筑均有防火、防盗、防匪设施。首先，有防盗门、木栓、铁栓、横杠、支撑、防盗铃，还有洋铁皮，从外面放火烧不入，偷也无法进，抢也打不开门。其次，每个院子里置有大花缸，花缸里面装了10 担水，如有失火，立即可用。

大夫第是近仁堂的核心建筑之一。涂氏兄弟虽然捐得顶戴官衔，但其房屋建筑结构依然恪守封建社会民间建筑不得逾越"三间五架"的法规。因此为了显示"红顶商人"的气派和生活环境的舒适，就在进深上做文章。整个建筑由前至后共六进，六个天井，一进高一进，一进比一进豪华，主人按辈分高低依序居住。第一进是露天小院，两边分别是马房和轿房。客人来访时，武官下马，文官下轿，拴马放轿在此；第二进是小客厅，马倌

近仁堂大夫第外观

近仁堂大夫第内景

轿夫在这里休息；第三进是贵宾厅，客人在这里品茶饮酒，高谈阔论。贵宾厅空间开阔，结构精巧，木雕精美。天井中间有口"太平缸"，即防火缸，平时养鱼，若遇火灾可以用来应急。同时布局较为巧妙，有明有暗，明的为两间住房和两间书房，暗的是小姐的闺房。小姐的闺房内除起居室外还有一个小型天井，为平时小姐洗浴、绣花之处；第四进是主人住房；第五进是祖宗堂，祖宗堂用太师壁隔断，只有做喜事或过大年才会打开；第六进为后厅堂，是老人休息、喝茶、会友的地方。整个建筑由前至后一进比一进高，寓意步步高升之意。

通奉第，是近仁堂的主体建筑，进深43.2米，通道面阔114米，占地492平方米，与大夫第的构造大致相仿。只有三处不同：一是首进为封闭式，二是空间更宽，三是两侧附设厨房。同时通奉第内不同地方摆放46个汉白玉衔环兽石墩。在通奉第共有隔扇180余方，图案有冰裂纹式、回端纹式、博古镶花等形式，雕刻有许许多多如"三阳开泰""喜上眉梢"

等一类的吉祥图案，还有"萧何月夜追韩信"一类的历史故事，不仅寓意老祖宗对后辈的吉祥祝福，还寄托着对子孙后代能被朝廷赏识重用的期盼。此外两侧的厨房也别具一格，共有四组八个连体灶，古时做饭炒菜都烧柴火，为综合解决通风、采光、卫生、消防等问题，所以设计了大小十二个天井。

近仁堂大夫第雕花门窗

三妙流芳，它包括供子弟就读的书院式建筑凝秀轩和长工、下人住所三间。房屋外部栽种花卉植物，共用一个朝东的大门三妙流芳门，门外即甘棠港。三妙流芳建筑群坐向与大夫第、通奉第相互垂直，即东向开门。

近仁堂装饰风格，建筑外部使用青砖灰瓦，墙面用砖大小统一，门为水磨砖砌，加上镶嵌匾额，戏剧人物、走兽、鱼虫、花草精刻镂雕石饰构件

近仁堂大夫第门头牌匾

等，外形恬淡雅致。内部以未经雕琢的梁架构建显示出建筑的古朴大方，木质用材也十分讲究，梁、柱、架、门粗细适宜，尽善尽美。门窗、照壁、厢房隔窗、隔心板、木条环板等精工雕饰。穿斗式的梁架或为插杉（包镶），或做成方梁式，二、三、四进的檐步和金步，往往彻上露明造，或做成卷棚轩式，或做成藻井式的透雕仰顶，十分精致。

近仁堂建造者涂士良原是厚板塘村的私塾先生，收入微薄，养家糊口，难以为继。随族人远赴湖南经商，加入当时在湖南衡阳的筱塘商帮，由于他有文化，很快便在衡阳站稳脚跟，其两个儿子涂若灿和涂若萃也先后来到衡阳帮助父亲打理生意。经过10多年的经营，以其姓氏命名的"涂近仁堂"成为当地最大的药行，其产业还涉及成衣、布匹、典当、钱庄等。

涂氏父子创制以家族为中心的商业团队运作模式。以"涂近仁堂"为

商业字号，以家族成员为骨干，经营项目以药材行业为主，扩展到典当业、钱庄业，雇佣员工 100 多人，成为当时在衡阳最具影响的商号之一，涂士良被称为"江西老表王"。

涂氏父子善于交际，在处理错综复杂的社会关系中游刃有余。他们不仅结交了兵部尚书杨键等一大批衡阳籍官员。曾对处在极度困难的秀才衡阳人彭玉麟进行过帮助，其幼子涂若灿还与彭玉麟结为异姓兄弟。后来彭玉麟官至水师提督、两江总督、兵部尚书，在政治、经济上给"涂近仁堂"很大帮助。在彭的保荐下，"涂近仁堂"中有 3 人捐得通奉大夫（从二品），2 人捐得中议大夫（从三品），成为雄踞一方的"红顶商人"。

暴富后的涂士良在清道光甲午年（1834）从衡阳返回家乡大兴土木，建造了近仁堂这座红顶商人豪宅，其子孙还捐巨款对家乡的道路、桥梁和庙宇进行了规划和修建，深受族人和乡民的好评。至今厚板塘村人仍然深受涂士良父子影响，有着"好男儿，不读书做大事，就要外出经商闯荡"的志向。村中男性，不是读书在外工作，就是经商在外闯荡。

# 怡爱堂

高安市 贾家村

江西省国家级历史文化名村
江西省省级历史文化名村
中国传统村落

　　怡爱堂是高安市贾家村的一栋古建筑，是村中保留下来的最古老的一栋房子。怡爱堂主人之所以选择在这里建房，是因为遵照了风水宝地选址法。按民间说法，凡是风水宝地，都有共同特点：首先，背面有高山为靠；其次，前面视野开阔，不远处有低矮小山；再次，左右两侧有山峰环抱。怡爱堂位置正好是：北面有钩山、三台山两座大山为靠，南面有稻田千畴，

怡爱堂外观

怡爱堂匾额

远处可见阁皂山峰峦起伏，与月嶂山共同形成的南面屏障；西面有赤溪河顺山而下，绕村而过；东面有小丘环抱。

怡爱堂，坐北朝南，面阔14.9米，进深11.1米，面积200.2平方米。面阔6间，进深4间。外观墙为青砖眠砌，另有1/6的外观墙为侧砌，疑为后建墙。在2米高的墙上开有小石窗，属明代风格。房屋两侧有封火墙，砌法为斗砌，亦为后来增加的部分。屋顶为高安地区常见的青灰瓦，屋顶有明瓦，也是后来修改的。房屋柱梁为抬梁、穿斗相结合结构。立柱用料粗硕，下垫木础和石础。明间后金柱立宝壁，辟甬门置神龛，神龛简洁古朴。四面上枋分刻"福"、"寿"、"康"、"宁"四字，门额上阳刻"福"字，四间正房的门楣上分刻有"元"、"享"、"利"、"贞"四字。大门为一字门，明代中后期江西已经流行内凹八字门，可见此门早于明代中期。怡爱堂门前有一个宽敞的院子，屋檐短，外观墙高，窗户小，具有北方建筑特点。

怡爱堂建于何时，没有文字记载。南昌大学古建筑教授、江西省文物局、中科院等几批专家来考察，也未能确定其年代，但专家们一致的观点是，至少在元末明初就已经建好了。关于怡爱堂，当地有一个美丽的传说。有位皇子曾微服私访，与一位民女相好，由于种种原因不能把这位民女娶回皇宫，于是就让人按照皇宫的格调为她建造了一栋房子。这个民女就是高安贾村人，这个房子就是"怡爱堂"。无独有偶，高安窖藏元青花，是至今为止国内发现最精美的元代青花瓷器，有专家认为，窖藏的主人是一位蒙古王子，两者之间是否有联系呢？尚待进一步考证。

怡爱堂的主人几经变换。现居主人对怡爱堂兴建主人历史一无所知，但他能说清楚对怡爱堂改造的理由：一是怡爱堂原结构不合理，二是室内通风、纳阳效果不好。在怡爱堂东西两侧墙上加开小门，是为了加强室内空气对流，防止潮湿霉变；在房顶上改换明瓦，是为了使室内更加明亮；在东西墙头增加封火墙，是为了防止火灾。

改建后的怡爱堂适宜居住，人丁兴旺，不少子孙成家立业后，另建新房。说明怡爱堂由北方风格变为南方风格了。从改造的建筑材料来看，应该有多次改造，开东西小门、增建封火墙应该在清代完成，屋顶灰瓦换明瓦应该在民国时期完成。

怡爱堂现居主人说，他家的祖上也是做大生意的，有很多本族兄弟在外地居住，现在有一些都无法联系了。翻开《畲山贾氏十修宗谱》，上有记载："传者所以传其人之真也，无论士农工商，

怡爱堂房梁结构

各有其事，凡可以维风于世，垂训于后者，皆在可传之数。"明清时期，高安贾村人推崇经商，把商贾与士农工平等看待，不歧视。如族人贾虚谷主张："世俗重儒士，而轻商贾，予谓人苟有所树立，何必轩轾于期间乎。"贾村出现仕、儒、商三位一体的家庭，即以商养学、以学入仕、以仕保商，形成了良性循环。

由于长期熏陶，怡爱堂子孙养成了自己独特的经商智慧，概括起来，主要有如下几个方面：

一是把握市场行情。清代族人贾绳，经商之初奔波于虞州、浔阳等地，后在虞州立足开店，经营鱼盐，兼做花布和竹木生意，最终达到在不同行业都能"推算居奇"，"握权衡而悉洽"，可谓经商有智。同代族人贾让行也是商场奇谋之才，他曾经豫章、历鄱湖、抵浮梁、闯江浙，他关注的是大笔买卖，后成为财通江浙的富商。

二是讲信重义。贾艺圃因贫困弃学从商，发迹后"以为富贵非专自厚

也"，又"生平无他嗜好，独一切利人之事，辄孜孜为之"。灾荒年月，艺圃必倾仓接济穷苦，同乡族人被其救活者无数。贾让斋也颇具仁心，"积而能散，罔计铢，善莫不为，常宏施济"。贾义林也有慈善之心，"内外种种公益事项，更竭力提倡维持，而森林、水产、制作、生殖之道，莫不悉心穷究"。贾正裕虽"足称富有，田园广置"，却"衣食俭啬"、"救困扶危，毫不吝惜"，清光绪年间，高安一带发生水灾，贾正裕于上湖圩"散粥捐钱助赈"。贾作轩与人相交，和厚溢于眉宇，他信奉"宁人亏我，勿我亏人"，后"商侣中皆颂其重义"。

三是建立家族商业团队。贾村商人注重家族团结，共同致富。经商过程中奉行"富贵非专自厚也"的理念，"凡同族中有孤弱不能成立者，扶之成立，贫劳不能赡给者，予之赡给，远游不能归者，助之资斧"。还有授之以渔的风气，贾文轩"能识英才于贫乏，遇族人有智略善理财者，公与之资，谊联管鲍，均克展抱负"。

## 怀德堂

江西省国家级历史文化名村
中国传统村落

乐安县
流坑村

　　怀德堂又名尚义门、凤凰厅，位于千年古村乐安县流坑村贤士巷68号。隐没在村中260多座明清古建筑之间。

　　据流坑清光绪《董氏思齐公房谱》记载，明代流坑村富商董国举建造了怀德堂。董国举生于明嘉靖八年（1529），殁于明万历二十八年（1600）。谱中录有明万历七年（1579）撰写的《怀德堂记》。说明怀德堂应在此年之前即已建好。怀德堂2000年被列为全国重点文物保护单位。

　　怀德堂坐北朝南，建筑平面呈长方形，长约16米，宽约11米。出入宅院的大门在南面偏西，面临贤士巷。门斗建造得矮小，不起眼，自巷墙向院内凹，呈外"八"字状，这是到目前为止江西发现的最早的内凹八字门。这种门既有进出宅院不影响行人的实际功能，又暗含发家之意，因为"八"与"发"谐音。门额上有砖雕"尚义门"三字，两侧有"门对九天红日，路通万里青云"的砖雕对联。从这个门的建造来看，反映了屋主人具有谦让的商人品德，使进出院门的人不影响巷内行人，这就叫"吃几

怀德堂

怀德堂"雀鹿蜂猴照壁"

尺土地亏，赢得人心可发"的生财理念；还反映了明万历时宅院门在江西还未形成官帽顶、牌楼门等固定模式；从门联内容来看，屋主人还是一个崇尚儒家理念的商人。

进门后向右转再入正门，即为前天井，紧靠前墙，在前墙向内设四柱三间砖照壁。天井两侧是通道。面对照壁为前厅，仅有明厅一间，但空间开阔，长宽均接近6米，是建筑物的主体部分。后金柱间设两根小柱子，两端为门通向后天井，门额上设神龛。柱之间用木板隔成太师壁，上挂"怀德堂"横匾，落款为万历元年（1573）。两侧为厢房，内部分隔为前后两间，后间一直延伸到后天井之侧。后天井较浅，后堂有阁楼。

怀德堂采用木框架结构，全为穿斗式，用料硕大。前堂前檐柱、檐额和门额，所用木材直径均超过40厘米，整个建筑框架显得粗壮有余，具有典型的明代巨商宅第特点。前堂前、后金柱与中柱间的穿梁为月牙形，穿柱以两穿一落地为主。

怀德堂是民居而不是祠堂，祠堂一般是要在正堂设供桌供台的，将主要列祖列尊牌位供在上面，而怀德堂没有供台的设计。供奉神灵的神龛设在正堂的两个门额之上，说明怀德堂是民居的设计而不是祠堂的设计。

怀德堂厅堂

怀德堂的厢房为卧室，分前后两间，只有一层，不设阁楼，而后堂设有阁楼，后堂设计与前堂设计风格不一致，据古建筑专家观察，后堂具有清代风格，是后来改造了的建筑。可能源于怀德堂原设计存在着通风效果不佳、避潮不当的不足，为了改善后代的居住环境，进行了改造，在后堂增开后门，开窗户，使房子利于通风。但是次间太矮，无法修建阁楼，梅雨季节住在这里还是不舒适。

怀德堂装修精华在前厅，前厅的精华在照壁。照壁正上方有砖雕横批"正大光明"四字，两侧有"百计但存阴骘好，万般惟有善根灵"对联，正楷字体，遒劲有力。照壁上下、左右柱子之间，皆有浮雕人物、动物、花草和云气等吉祥辅助图案。主图案有三大块，均由浮雕方砖对缝拼接而成，图案内容复杂，包含多重吉祥意思。手法多样，多采用谐音、象征手法，如"雀鹿蜂猴"纹饰，即含"爵禄封侯"之意；"鸳鸯戏水"，即含"夫妻恩爱、白头偕老"之意。整个照壁极为精美，为晚明砖雕艺术杰作，保持得如此完美，真是奇迹。在"文化大革命"动乱年代，屋主人用泥巴糊住了图案，才得以保存下来。

作为建筑物，怀德堂自有它的文物价值。作为民居，居住的舒适度是不及现代建筑物的。究其原因，是建筑设计和技术在进步，人们对生活的要求在提高。

八家弄

金溪县
竹桥村

江西省国家级历史文化名村
江西省省级历史文化名村
中国传统村落

在一个盆地村庄北面的小山丘上，有两组古民居群，这就是金溪县竹桥村的八家弄和十家弄。它依山面畈、坐北朝南，一条溪水自东向西而流，蜿蜒出没于千顷农田之中，实为风水宝地上的宅院。

八家弄是清代道光时期的族人余培基所建。他在村庄北面高地上兴建一组住宅，目的是供其子女亲属共八家人所居住。这组住宅分南北两行排列，东西四组式样相同的房屋组成，中间形成一条巷道，后被称为八家弄。接着其堂侄余钟祥也在附近如法兴建了十家弄。

八家弄民居的牌楼式石门，均为清一色的青砖灰瓦，墙体的墙裙部分多以大块的青石垒砌，一般高1.5米，最高处达2米，在青石之上再砌青砖，外墙结实，建筑成本高，据说是为了防止盗贼破墙入室。

每栋房子前后二进，严格按中轴布置，前进为门厅，后进为堂屋，两厢为居室，具有以一个天井为中心的小型住宅的典范特征。天井上露天光，厅堂采光全赖于此，并在檐下安装有可滑动开合的水平遮阳板，在大格子框架上蒙以布幔，就可以在夏日里遮挡太阳。天井下面有石砌的泄水池，雨水可经屋檐水槽流入池中排出，而不会四溢。房前屋后均开有半人深的排水沟，由天井和屋外流出的水，经过排水沟流往七口池塘中。另外，高高耸立的山字墙，既有艺术观赏价值，又有防火防风的实用功能。

房屋结构均为穿斗式木结构，墙体不承重。穿柱均为两穿一落地，穿梁为简单的平素直梁，仅单步穿梁做成月梁形式，出如意头。天井周围的檐口出挑均为带雀替的丁头栱。内墙穿梁以下均为板壁，穿梁以上均为粉壁，即竹骨泥墙粉白，做简单线条墨绘。

八家弄的每排房子均有总门、巷门、大门和侧门（即耳门），侧门相通，麻石铺路，即使雨天也不会湿鞋。这种设计能促进家族成员之间来往，便于养成团结互助精神。

八家弄的厢房皆铺地板，能保持房间干爽；各处厢房上皆有阁楼，在两厢通道外有楼梯。这种设计是江西建筑师的杰作，是最适合江西潮湿、炎热气候的厢房。梅雨季节气候潮湿，此时把食物藏到楼上，人也睡在楼上，可以较好地避免食物霉烂，人可避免染上关节炎疾病；夏季天气炎热，楼上难以入睡，搬至一楼睡觉，可以有效避暑。可见这种房子结构，能够保证屋主人的健康。说明余培基在做房子设计的时候，就考虑到了子孙后代的身体健康，因此，在厢房建筑方面的金钱是不可以节省的。

八家弄巷道

八家弄在显眼的地方有着精美装饰，如厅堂的门楣、屋檐、雨檐及门柱、窗棂、圆鼓形石磉、坊头、楦板、天花板等处，多有雕镂花卉、吉祥图案装饰，而在房屋结构上，采用的是普通穿斗结构，用料也一般；在穿梁以上均用粉壁，即竹骨泥墙粉白，用材成本低。说明余培基在建造房子的过程中，具有商业意识，该用钱的地方大气，可节省的地方则小气，钱用在刀刃上。

余培基，生于乾隆晚期，主要活动在嘉道时期，长期在湖南经商，人称江右儒商。他在安乡与其堂侄余钟祥捐助学田 1000 余亩，曾获"议叙七品盐运司衔"。1835 年蝗灾，他捐金购买四川大米救济灾民。晚年他回到本乡主要从事公益事业。作为一个成功商人，晚年从事力所能及的公益事业，为子孙后代积累人脉，这在竹桥村是常见的现象，而余培基却是一个典范，自己的能力不够时，他会极力鼓动其他富翁来共同实现公益事业。如首倡兴建家乡的仲和公祠，接手赠差会，重修家谱，捐钱修桥、修路，竹桥村余氏族人的公益事项皆仰赖他。余培基不仅是一个善人，还是一个典型的竹桥书商，兴建八家弄就是明证。

明清时期，竹桥村人在全国各地做卖书生意，本村书商在全国各地设有分号，如康熙时期的族人余德昭在北京开书肆，收集古籍善本、孤本和畅销书，又兼理金溪县"嘉会试馆"，一个人没有分身之术，只能依靠家族里信得过的人。又如道光时期的书商余钟祥，经营雕版印书，"余大文堂"的总部就设在竹桥村的"养正山房"里，书却在湖广等地销售。没有一支忠诚可靠、熟悉业务的商业队伍是行不通的。

竹桥村书商培养商业队伍的秘诀就是建立一支家族团队。明清以来，竹桥村余氏修族谱、祭祖先、建祠堂、订族规、强族权、置族产等一系列措施，都是在增强宗族凝聚力，建立一支忠诚可靠、熟悉业务的家族式商业团队。八家弄、十家弄就是建立这支团队的一个环节。将家族后代集中在一起居住，就是要维系家族抱团意识，家族成员要互通信息，相互帮助，铭记族训，共担风险，共享财富，牢记根本。

时至今日，竹桥村人仍然热心公益事项，建立学习基金、赡养基金等，支助家庭困难的学生读书，赡养孤寡老人。定期开展家族集体活动，每年腊月三十日全村男丁要集体祭祖；正月初二要报丁上谱，全村老少都须准备祭品来到全村的总祠——文隆公祠，对上一年的娶亲嫁女、添丁过世等情况登记上谱；清明节集体祭墓，全村需敬祖、聚餐，进行全村范围内的集体墓祭，各户的户主需到场；八月十五酬神，竹桥人把锡福庙里的神迎出来，请到中门楼，搭一木偶戏台，演七天七夜木偶戏，以此感谢神灵的保佑，获得了一年的好收成。冬至食胙，各房祠堂依次向男丁派发食胙。

村中村

江西省国家级历史文化名村
江西省省级历史文化名村
中国传统村落

吉
安
市
吉
州
区
钓
源
村

这是一个村中村建筑群，坐落在吉安市钓源村内，是由四栋单独建筑构成的建筑群。

村中村组合式住宅群前有高墙大院，进院门可见一排廊舍，接着是四栋相同规格的房屋，呈"田"字对称坐落，有铺着青石板的巷道相连，关起大门，是一个大家族，关上各自的屋门，又是一个小家庭，各家互不干扰。单栋建筑为"一明两暗三开间"的布局，明间为厅，暗间为房，前厅宽大，后厅窄小，左右房间对称，平面布局及空间处理结构紧凑而自由。屋内用穿斗的梁柱和木板隔成厅、房和楼层。前厅楼层较高，后厅楼层低三四尺，一般不住人，堆放杂物。村中村建筑特征：

一是清水墙面蓝灰勾缝。钓源村附近山岗土层厚，松林杂树多，制砖方便；而且红壤土

村中村建筑群

村中村建筑上的马头墙

含铁质多，经烧制成的砖块，呈深青色，坚硬如铁。拿这样的青砖砌墙，耐老化，经一两百年风雨，大多数还能颜色依旧。层层垒砌的青砖墙，被称作"清水墙"。为了增加墙面的耐销蚀力和美感，工匠们采用了"蓝灰勾缝"的技艺。即在砖缝处，用木炭灰、石灰和细沙掺水拌匀，用这样的泥料沿砖缝勒出一条笔直的缝线，遮住砖缝的石灰浆，颜色比青砖稍深，呈条格图形，使墙面整洁而美观，又不失原貌。

二是封火马头墙突出。村中村建筑群外墙垒砌得高于房梁和屋顶，两边的马头墙呈翘角状，又被称为封火墙。它既有防火、防风作用，又有装饰美观作用。建马头墙垛不仅要增加材料，还要增加难度。高高翘起的马头墙，与一排排、一片片的房屋连在一起，显示恢宏的气势。

三是房屋框架结构稳定。村中村建筑群以砖木结构为主，称为"排山"房，意为用一根根木料，组成房架，支撑整栋房屋。墙只起围房隔屋作用，墙倒而房架不散。从房梁屋柱到内壁门楼，全用杉木榫卯拼装，防震、防锈功能强。屋高一层半，阁楼不住人，堆放粮食、杂物。梁托、爪柱、叉手、雀替、丁头拱、斜撑等，大多雕有花纹。梁架构件组合巧妙，装饰工艺技术精湛。梁架壁板用清漆加以彩绘，不露原木颜色。

四是高位天窗取代天井。村中村建筑群，由四栋单独的建筑组成，每栋之间有露天巷道，主要用于行走、排水和采光。在单栋建筑内部不设敞开式天井，而是用高位天窗，即在大门上方挖墙洞，获得采光通风效果，如此一来，将天井移到建筑物外面去了，前院、后院和巷道代替了天井，从而避免了因为天井在室内，雨天室内潮湿难干的弊端。

村中村建筑群由富商欧阳国宝所建，早年他家贫，在清代中期，随亲友外出湖广经商，钓源村有句谚语，叫"一个包袱一把伞，去到湖南当老板"。欧阳国宝之所以能够发家，从村民口中可以略知一二。

勤奋精明是他成功的原因之一，明清时期，钓源人开始都是捎带当地的土特产品去湖南、广西一带，投靠已定居的同乡或亲友，待有一定积蓄后就独立门户，或开店铺，或经营作坊，慢慢扩大经营，将两地的土特产相互流通，积蓄财富。家中仍有父兄在务农，如果经商不成，就回家种地；如果成功，就将家中的兄弟姐妹或亲戚带出去扩大经商。钓源商人主要经营桐油、药材、茶叶、大米和布匹等，至今仍有钓源村人的后裔在外生活。

钓源村老宅木门

粗通文墨是他成功的原因之二，欧阳国宝自小读了几年私塾，为他在外经商打拼奠定了基础。庐陵自古被誉为"文章节义之邦"，书香之村，自古以来十分重视教育，村中流行两句话："不服输，就养猪；不怕苦，就读书。"前一句是劝家长的，要发家，就好好养猪；后一句是劝孩子的，要想报答父母，就要不怕苦，用功读书。时至今日，钓源村人仍然十分重视孩子的启蒙教育。每年当儿童上学的第一天，长辈们都要带着孩子前往村里的文忠公祠，举行"启蒙礼"仪式，讲述北宋宰相欧阳修刻苦读书的故事，教育孩子们要以先贤为榜样，传承家族读书成才之风。

强烈的儒商意识是他成功的原因之三。欧阳国宝读书考官是第一选择，因家贫无力走科举之路，无缘功名，只好弃文经商。即便如此，他也没有放下书本。据说他生意再忙，也手不释卷。晚年他与儿子回家兴建"村中村"建筑群，从晚年在钓源村所做的公益事业，如捐钱给家乡修桥补路、修建家族祠堂等实际行为来看，他还有浓厚的儒家仁义、宗族思想。像欧阳国宝这样成功的钓源商人，不止一个，而是一批。在村中村门上见到了这样一副对联："达则兼济天下，穷则独善其身。"正是这些儒商的精神表述。

# 关西新围

### 龙南县 关西村

江西省国家级历史文化名村
中国传统村落

　　客家围屋，是客家民居的主要建筑形式，它集家、祠、堡于一体。龙南关西新围位于龙南县关西镇关西村的一座大型围屋。建筑体外部浑厚苍凉，远远看去，不知内藏何种秘密，给人以神秘感。

　　赣南围屋现存最早的两座分别是龙南的田心围和盘石围，前者约始建于明弘治年间（1488—1505），后者约建于明万历年间（1578—

关西新围外观

1619）。但是，这两座围屋均属于围龙屋式围屋，还不是严格意义上那种四方形、四角设碉堡的围屋。

龙南关西新围，由关西望族成员、著名绅士徐名均所建。据《龙南关西徐氏七修族谱》及清光绪二年《龙南县志》记载，徐名均，字韵彬，号渠园，增贡生，例授州同职。生于清乾隆甲戌（1754），殁于道光戊子（1828）。据当地民间流传，新围始建于清嘉庆三年（1798），完成于清道光七年（1827），历时近30年。此围屋并未题名，为了与徐氏家族原有的一座围屋西昌围相区别，当地称为新围，是迄今国内发现的保存最为完整、规模最为宏大、功能最为丰富的客家围屋。2001年列为全国重点文物保护单位。

关西新围坐西南面东北，中轴线为北偏东约60°，指向名为老寨顶的小山，山顶上有徐家老寨遗址。围屋建筑主体面宽92.2米，进深83.5米，现占地面积约7500平方米，建筑面积达到11477平方米。围屋平面布局为典型的"国字围"，外围为一圈两层护屋，西北侧位于轴线端头的称"走马楼"；东北、西南两路称"龙衣屋"；东南则称"土库"，四角均设炮楼。

关西新围东门

虽然围屋规模巨大，但总共只有两处出入口，主入口设在东北角，在墙体上开大券洞，高3米，宽2米，正对关西河和道路。对称的西南角设次入口，门洞较小，做法亦较简单。

入大门后，经重重庭院进入一个非常开阔的前庭，周围以狭长庭院环绕。内部以一座五路三进大宅为主体，前庭之前还有客房、戏台、内花园等设施。当地号称"三进四围五栋九井十八厅一百九十九间"，数字均为约数，形容围屋大到不可想象。结构主要为山墙承檩，仅中路第一、二进大厅明间采用抬梁式木构架，另有部分穿斗式木构架，用

关西新围纵向内道

关西新围内巷（东门一土库）

关西新围土库前巷

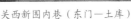

于大厅边缝和侧路小厅。

关西新围的防卫功能非常突出。大门有两重：一重是板门，系用7厘米厚的木板做成，门面板上订满2毫米厚的方形铁板，门内砌有护墙，并装多重门闩；二重是闸门，从二层贴墙装滑槽，必要时从上方放下，关闭门洞。此外，在门顶上还设有防火攻的注水孔。外墙高8米，对外无窗，仅在顶部开射击孔。5米以下墙体采用三合土版筑，并夹有大量卵石。墙底部厚0.9米，向上逐渐收分至0.35米。5米以上墙体均采用青砖实砌。

外围护房均设内、外两圈环廊，以便战时运动。内部则以多重庭院分割空间，设重重门户，又设纵横交错的多条备弄，内墙凡在重要建筑或通道上，均用清水青砖墙；在次要建筑或非看面墙体，则大多是三合土或砖石墙基，土坯砖墙。

在封建社会后期，客家人放弃优先考虑通风、采光、隔音、排水等宜居因素，选择具有鲜明设防性质的围屋，主要有如下三个原因：

第一是官府保护不力。"赣州据江右上游，境接四省，中包万山，峻岭、邃谷、盘涧、郁林不可胜数，人迹罕及，为巨寇之渊薮。旧所辖十县，虽入版籍，而安远、石城、龙南当盗贼出没之冲，犹受其患"。宋元以来，赣南就不太平，小乱不断，大乱有份。在这个天高皇帝远的地方，官府无力保护老百姓，为了生存，老百姓只好自己想办法，于是防卫功能重于居住功能的围屋就诞生了。

关西新围天井内水缸

第二是连年不断的兵燹。清同治《龙南县志》上记载："有明之际，奸宄不清，兵燹蹂躏，几无宁岁。"明中期以前，作乱者以"土寇"为主，此后"流寇"大增，社会环境日趋恶化。据清同治《安远县志·武事》记载："（明崇祯）十五年，阎王总贼起，明年入县境，攻破诸围、寨，焚杀劫掠地方惨甚。""（清顺治）十年，番天营贼万众，流劫县境，攻破各堡、围、寨。"这里的围、堡就是指围屋，可见当时建围屋是为了生存自卫。

第三是新老客家械斗不断。客家人受先祖士族门阀观的影响，加上坎坷的迁徙历史，形成了一种讲宗亲、重家族的传统。自明末清初开始，赣南出现围屋，此时闽粤客家人"回迁入赣"，尤以清前期为最，造成了赣南有"先客"和"后客"之称，或"老客"和"新客"之分。像龙南这样盛行客家围屋的县，回迁的客家人占十之八九。由于大量闽粤客家人回迁赣南，新老客家人为争夺生存空间，械斗接连不断。

关西新围房屋结构按照传统礼仪构建。房屋260多间，大致分为四个等级：第一等级是中心部分的上中下三厅，包括祠堂和大厅；其次是主宅两侧四路供主人居住的厅房，前端"走马楼"中的客房戏台等各种设施；再次是两侧的"龙衣屋"，采光、通风均较差，是仆役、长工的住处；最次则为后端的土库，是围屋的仓库。宅内各种活动俱有规则，以婚俗为例，自下轿、进堂、拜堂至入洞房，有清晰的路线，各种人、事都规定在相应的空间活动。据《龙南关西徐氏七修族谱》记载，徐名均娶有一妻两妾，育有十子三女，除长女夭折外俱成人。显然，徐名均有用一座空间巨大、长幼有序、内外有别的大型围屋来安置子孙的思想，以便保证他的后代太平繁衍，世代荣华。

第二章
官宦府邸

官宦府邸与普通民居的区别，只能从一般特征来比较，而不能举特殊的例子来比较。

官宦府邸等级森严。官越大，等级越森严。七品以上的官员，一般都习惯等级制度，居家生活也受影响，在建筑上突出表现为主人和佣人的房间大小、位置皆有区别；建筑材料、装修精致的程度、装修图案上也有严格的区别。

官宦府邸一般规模较大，官员收入比一般平民高，所建造的府邸大，这在情理之中。一些有灰色收入的官员，他们在老家建造的府邸当然也就会更大。"当官不显摆，如锦衣夜行"。显摆的主要方式之一，就得把府邸建得富丽堂皇，才能够给父母脸上增光，才能在家乡光宗耀祖。

江西古代官员重视选址造房，其中有合理的成分。官宦府邸装修精致，有作为的官员，其住宅实用功能突出，装修素雅，文人气息重，但还是要比普通民居装修精致；没落官员，其住宅豪华气派，装修形式迷信，内容俗套。

当然也有告老还乡的官员，在老家建的住宅几乎与平民住宅没有区别。

## 蚩公进士第

浮梁县
沧溪村

江西省国家级历史文化名村
江西省省级历史文化名村
中国传统村落

　　蚩公进士第坐落于浮梁县沧溪村内，属明代正德时期建筑。坐北朝南，三间五架结构，以砖木为主要建筑材料，按照徽派建筑风格建造。由大门、天井、明堂、厢房和阁楼组成，建筑面积160平方米。屋顶由木框架支撑，外墙只是起围护和间隔作用。内部房间全部由木柱、木板、木屏风和木窗

进士第门头

扇隔开。特点是：明堂大，作为家庭活动场所；厢房小，作为卧室。底层高，作为生活、居住空间；阁楼矮，作为堆放杂物的场所。

值得一提的是，蜚公进士第保留了不少沧溪三雕装饰，而且是早期的。沧溪三雕主要指木雕、石雕和砖雕。它综合了古代浮梁流行的雕刻工艺，既具有徽州雕刻风格，又具有浮梁特点。

沧溪三雕制作程序因材料、工具和技法的不同而有差异。如砖雕的制作程序包括修砖、放样、打坯、出细、打磨、修补等，传统工具主要有木炭棒、凿、砖刨、撬、木槌、磨石、砂布、弓锯、棕刷、牵钻等；木雕的制作程序包括取料、放样、打粗坯、打中坯、打细坯、打磨、揩油上漆等环节，传统工具主要有小斧头、硬木锤、凿、雕刀、钢丝锯、磨石、砂布等；石雕的制作程序包括石料加工、起稿、打荒、打糙、掏挖空当、打细等环节，传统工具主要有錾子、锲、扁錾、刻刀、锤、斧、剁斧、哈子、剁子、磨头等。

沧溪三雕在装饰民居的过程中，有其内在规律。木雕多在房子的月梁、额枋、斗拱、雀替、梁驼（俗称元宝）、平盘头、榫饰、钩挂、隔扇门窗格心、裙板、绦环板、莲花门、窗格、窗栏板、栏杆、轩顶、楼沿护板、挂络等部位，房内陈设的家具如床、榻、椅、柜、桌、梳妆架、案几等的上面也有精美的木雕。砖雕主要装饰于民居的门楼、门罩等部位。石雕则主要在民居的门础、漏窗和天井等处。

蜚公进士第内的三雕，多采用深浮雕手法，刀法细腻，流畅。题材以历史人物、动物图案为主。尤其值得一提的是，门口墙脚的狮子绣球石雕，线条简洁，图案突出，形象生动，狮子面相不是高傲威武，而是温和平视，寓意着屋主人朱韶谦和友善的人生态度。

蜚公进士第是朱韶退休后建造的住宅。平心而论，无论从建筑规模，还是从建筑材料来看；无论从三雕数量，还是从三雕质量来看，该建筑物都算不上村里中等以上的住宅，更不要说与后来官员建造的住宅相比。不是朱韶没有财力，而是他不肯将金钱用在住宅消费上。

正德十五年，朱韶退休还乡，为光宗耀祖，他上奏皇帝，要为宋代沧溪朱氏始祖朱宏建造"蜚英坊"，得到皇帝御准，他自行筹资建造。并请时任南京刑部尚书题写"蜚英坊"三字，请资德大夫、枢密使戴珊撰写《乡先生祠增祀朱克己朱公记》碑文，还在该坊前刻有"文官下轿，武官下马"的御批，至今这些历史遗迹依然在沧溪村里保留着，对公益事业，朱韶不仅舍得花钱，还愿意尽心。他为沧溪村赢得了长久的声誉。

朱韶（1481—1538），字菊泉，沧溪朱氏二十四世祖。自幼聪颖，志向远大，鸡鸣起床，背诗诵文。明弘治丁巳年在南京举仕（南畿甲子科进士）。先在安徽贵池县任推官，后任知府。朱韶为官期间，公正清廉，爱民如子。所到之处无不受到百姓称赞。在外为官几十年，没有回过一次家，古稀之年回乡时，哥嫂还惊叹其衣着朴素，没有为官的豪气。

沧溪村有不少关于朱韶的传说。

传说一，安徽贵池一带，有一种小树，当地人称之为朱家树。据传当年朱韶刚任池州知府，恰遇百年不遇旱灾，树木枯死，饥荒遍野。他一面将灾情上奏朝廷，一面派人到沧溪村，采集一种叫"郎织女"的山野植物种子，带回池州播撒。此树成活率极高，第二年贵池到处郁郁葱葱。"郎织女"不仅可以用来保持水土，还可以用来充当食物，从而使得旱灾得以缓解。为纪念朱韶的功绩，池州人将"郎织女"改名为朱家树。实际上，"郎织女"植物，学名叫"荆条"，叶、茎、果和根均可入药，花和叶可以提取芳香油。枝条坚韧，为编筐、篮的良好材料，也可栽培作为观赏植物。开花时为优良的蜜源植物，可得著名荆条蜜。荆条的嫩芽是乡下有名的"树头菜"，当蔬菜匮乏时，村人从荆条上一把把捋下嫩芽，拿回家里，用开水焯一下，拌上蒜汁、姜末等调味品，可以当菜吃，味道鲜嫩爽口，香味飘逸。从这个故事，可以看出，朱韶是一个注意观察生活细节，揣摩其中道理，适时运用规律的人。

进士第外门

进士第砖雕

进士第内部结构

　　传说二，朱韶嫂子为证明朱韶是否是一个明官，故意把家中的熟鸡蛋吃了，然后让朱韶判案，朱韶不明就里，只是根据一般常理判断，不顾丫鬟辩解，就认定是丫鬟偷吃了熟鸡蛋，最后得知真相后，朱韶甚为羞愧。从此，把"一视同仁"当作座右铭。

　　朱韶死于明嘉靖十七年。此后，不断有池州人来沧溪祭拜。受朱韶魅力感染，沧溪朱氏，人人以他为荣，年年清明扫墓，都要祭扫朱韶，朱韶墓至今保存完好。

# 天官上卿

婺源县
理坑村

江西省国家级历史文化名村
江西省省级历史文化名村
中国传统村落

　　天官上卿官宅位于婺源县理坑村西南部的三岔路口，因其大门上方有"天官上卿"匾而得名。该宅由明代万历年间吏部尚书余懋衡所建。"天官"称谓由来：明太祖朱元璋平叛胡惟庸党徒之后，深感相权过大，于是废除丞相制度，分丞相的权利给吏、户、礼、兵、刑、工六部。吏、户、礼、兵、刑、工对应天、地、春、夏、秋、冬，这就是民间称吏部尚书为"天官"的来历。"上卿"是中国古代对上位者的尊称，在理坑，"天官上卿"就是对余懋衡的尊称。

　　天官上卿官宅坐南朝北，占地面积132平方米。院门朝东北方向开，砖雕门头，两侧有窄窄的八字墙，形成牌楼式，上下枋之间的字牌上浅刻"天官上卿"四字。院门两侧有窄窄的八字墙，形成牌楼式门楼，上有四只龙形吻兽，形制古朴，两侧砖墙卐字纹磨砖对缝。

　　庭院为近方形平面，屋内天井不设前墙披檐，主体建筑宽9.85米，深8.50米，三间两架砖木结构，屋顶层层相叠，有三起三伏之势。

　　厅堂开阔，没有后堂，太师壁后只有很窄的一个小间。厅堂和厢房都作吸壁樘板，雀替深雕，出面方柱、素础，梁枋素净。楼上、楼下均格扇门，两厢虽有吸壁樘板但不作装修而全部敞开，使之与前堂连成一片，形成很整洁且通畅的多用途空间。因为前堂没有"退步"，大小柱梁上均无复杂的雕饰，反映明代建筑质朴的格调。正厅之上有第三层，进深只占一半，是为晒楼。主体屋的左后侧有厨房等辅助房间。右侧是个院落，其深处有

天官上卿门头

天官上卿楼阁

三间杂屋；院落的西南侧是菜圃。

余懋衡虽官至吏部尚书，是明代后期重要的理学家之一，亦是理坑村乃至婺源县的骄傲，可是他的"天官上卿"宅，无论其建筑规模、形制，还是建材质量、装饰都很一般。人们常说宅如其人，"天官上卿"宅与余懋衡的身世和为官清廉息息相关。

余懋衡，字持国，少时聪明好学，万历辛卯年中举；壬辰年（1592）中进士。

余懋衡中进士后，初授江西吉安府永新知县，在任时勤政爱民，复学官，凿石渠，修筑玉洲浮桥，为当地办了不少好事。戊戌（1598）升任江西道监察御史。明神宗为满足其穷奢极侈的生活，摆脱财政危机，派太监充任矿税使，分赴全国各地开矿征税。宦官下去后骄横恣肆，无恶不作，地方百姓叫苦连天。矿税问题引发多地起义。余懋衡上疏极陈其害，称矿税"骚扰里巷，榷及鸡豚"，是"竭泽之计，其害十倍于田赋"，要求朝廷取消矿税。结果遭处"忤旨"罪，余懋衡被罚停俸一年。后朝廷派他视察长芦盐政，余懋衡至后赡养贫苦，赈济饥荒，受到当地士民称颂。他在巡按陕西期间，冒着生命危险，弹劾横行霸道、搜刮民脂民膏、明神宗皇帝面前的红人——陕西税监中官梁永。天启年间，余懋衡在京城与魏忠贤进行了不懈的斗争，被推为东林党首领之一，曾官至南京吏部尚书。

余懋衡有着浓厚的学术兴趣。他一生著述不少，较有名的是《关中集》

4 卷，存目于《四库全书》集部别集类，这是他巡按陕西时所作，内收论说、杂文计 78 篇，皆为评品古今人物及事件，不少有新颖独到之见。此外，还著有《奏议》40 卷、《古方略》45 卷和《明新会志》《少源语录》《乾惕斋集》《涧滨囈语》《太和轩集》《经翼》《沱川乡约书》等。理坑村后人建立"真儒祠"，祠堂内永享祭祀的是余懋衡，可见他影响深远。

余懋衡有着强烈的社会教化使命感。余懋衡在乡丁忧期间，常去邑内紫阳书院、中云福山书院等地讲学。他推崇程朱理学，在《紫阳书院讲学坐间口占》诗中说："浩荡此乾坤，德明长且久。"余懋衡以朱元璋"孝顺父母，尊敬长上，和睦乡里，教训子孙，各安生理，毋作非为"的"圣谕"为标准，撰写了《劝戒三十一则》作为理坑村的族规家法。

在家族教育方面，他以身作则，不仅重言教，更重身教。明天启四年（1624），他主持重订的《沱川余氏宗谱·祠规》中规定："清明举行祭礼，凡与祭人员，务要三日前斋戒。至期先一日，齐诣祭所，习仪质明，肃恭行礼。如不赴习仪及临时违错者，公罚。"他认为祭祀活动是维系家族团结，子孙忠孝的仪式。直至今日，理坑村人仍极为重视祭祀活动。

天官上卿宅规模不大，建筑材质也比不上普通商宅，但是，这个宅子里的教育却是传统和严格的，从这里走出去的余懋衡儿子和孙子，个个都是饱学之士，其中最有影响的是他的嫡孙余维枢，官至清代顺治年间的兵部主事，也成为理坑重要的历史名人，他去世后村人建"大中祠"祭祀他。

驾睦堂

江西省国家级历史文化名村
江西省省级历史文化名村
中国传统村落

驾睦堂位于理坑村门附近，又称离村门最近的"官厅"，建于明代崇祯年间，是时任广州知府余自怡的官邸。

余自怡（1594—1639），字士可，自小受正统严格的儒家教育。其父余懋孳，万历戊戌进士，仕途不畅，未曾做过高级主官，郁郁不得志，将精力寄托在儿子余自怡身上。其从弟余懋衡丁忧返乡期间嘱托重点辅导。明崇祯戊辰（1628），余自怡中进士，次年授湖广湘阴知县。任上因政绩卓著，辛未（1631）召为户部广东司主事。期间，因与户部尚书意见不一，降调九江征税官。戊寅（1638），改调广州知府，死于任所。

驾睦堂坐西朝东，占地面积426平方米，院门临进入村落的主巷。建筑物面宽23.15米，深18.40米，高8.5米，整个建筑规格在婆源明代官商宅邸中实属上乘。

驾睦堂有着婆源罕见的院门。院门高大轩昂，人称四柱三间"五凤楼"，院门建成了门楼，独一无二。院门墙面贴"富贵万字"砖；门楼顶端飞檐翘角，鳌鱼悬脊。中央上下枋之间雕"双龙戏珠"图案，顶层中间镶嵌"圣旨"石匾。院门内的一面有木披檐，上覆盖青瓦，檐下有四组木质斗拱，上下枋之间仿华带牌隐刻"圣旨"两字，枋下又有青砖仿木单拱。

值得一提的是，驾睦堂的"五凤楼"式院门，最早原为皇宫的建筑形式。其特征是顶脊轮廓线不是直线，而是像鸟翼般展开的曲线，建筑学上通称为翼角。五凤楼共有10个翼角，成五对展翅，就像五对欲飞的凤凰，所以称为"五凤楼"。根据《新唐书》的记载，唐代就有五凤楼。后梁朱温即位，罗绍威取魏地良材建五凤楼。周翰说，五凤楼高百丈，在半空之中，五凤翘翼，所以命名。由于五凤楼高大巍峨，建造工艺极其复杂，非能工巧匠不能建，而且又耗费金钱，故这种建筑形式宋代以后很少见。但是在徽州，人们为了寻求那种建筑的巍峨气势，寻求凤凰临空的吉祥内涵，不惜工本，建造五凤楼。不过不再有楼，只存顶的形式，而且是用于驾睦堂门楼的建造，像这样用于宅居的，就非常少见了。

驾睦堂门头

进入院门，见长方形天井式合院，青石板铺地。正屋大门朝北。屋内二进、二楼，前后均五间。正厅四周重檐，檐下有斗拱，三面回廊，轩廊木质卷棚，深天井，青砖铺地。

驾睦堂天井

厅内左右两边设厢房，方柱雕础。横梁为冬瓜梁，中部微微起拱，如同一弯新月平卧，通体显得异常恢宏。梁两端雕圆形花纹，雀替装饰深雕的灵芝花纹。

二楼的楼梯在厅堂的右侧，为充分发挥楼上的活动功能，工匠在宅居结构上进行了独具匠心的艺术处理，使楼上空间明显扩大。其方法之一，是在楼上沿天井一周，采用挑头梁向天井内延伸二尺左右，挑梁上立多边棱形柱支撑屋沿游沿木，以此形式来加宽阁道的尺度；同时，阁道采用回廊穿通的形式，用"穿堂过厅"的做法增大空间。方法之二，是阁道靠天井一面装有隔扇，使之冬可避风保暖，夏季四窗洞开则清凉飒爽。在柱间设半截栏杆，装置精巧玲珑的扶手"飞来椅"，由于另一边是墙垣，故形成一虚一实的空间，显得活泼有趣。方法之三，是楼厅不用天花板夹层，而是顺其屋面空间让梁枋外露，这样，虽楼上高度比楼下高度矮，但楼上接近天井天空，所以显得较为宽敞，让人毫无闭塞之感。婺源人称这样的楼上空间为"走马楼"。

追溯"走马楼"这一传统，主要是受历史地理环境影响而形成的特色。婺源这个地方在汉唐时期，山越人居多，他们生活活动主要在寮上，寮下圈养牲畜。宋元以来北方汉人逐渐南迁，北方汉人与当地越人杂居通婚，逐渐形成南方汉人。婺源人继承了"土著山越"住楼阁的遗俗。因江南地带雨量充沛，气候潮湿，为防止山区潮湿瘴疠之气，明清时人们把楼上作为日常休憩之场地，所以人们尽可能把楼上建成宽敞的活动场所。

驾睦堂后进的地势比正厅高出二步，天井阔大坑深。在宅居正厅的右侧还建有余屋，余屋三进一天井，外部墙面与正屋为一整体；余屋原为佣人劳作、栖身的场所。余屋仅有二小门与正屋相通，主仆尊卑分明。

司马第

江西省国家级历史文化名村
江西省省级历史文化名村
中国传统村落

婺源县
理坑村

　　婺源县沱川乡理坑村内有一处门楣上有"司马第"横匾的老宅，原为清顺治年间兵部主事余维枢府第，因为余维枢做的是京官，所以人们习惯称它的府邸为官厅。

　　司马第约建于1660年前后。屋宇坐西朝东，占地面积447平方米。府第建筑形制较一般，大门开在屋的左前角，朝北。三间的水磨青砖门头，雕饰繁富细腻，檐下有四个灵芝砖拱；枋头作云卷，脊端是用以禳解火灾的鳌鱼。鳌鱼张开大嘴咬住脊端，瞪圆双眼，扭着身躯向下游动，把尾巴高高甩起。斗下砖刻"富贵卍字"和"钩手卍字"的花坊，中间青石板字牌浅刻"司马第"三字。

　　建筑分为两部分，主体部分为三进深。另外一部分为书房、花园及后院厕所等服务设施。

　　府邸主体部分前进正厅三间两厢，半浅天井，全堂方柱、素础。上堂横梁三根，两端雕刻月牙，雀替深雕灵芝纹。对应天井的地面有沟渠样的排水处理。二楼花梁为深雕的图案花纹，雕刻精美。后进围绕一堵马头墙，形成两天井。

　　府第主体屋面宽10.52米，深20.20米，全堂方柱石础、前后有半浅天井的三间两厢。前厅前檐和两厢前檐、梁和花枋都作深雕，横梁中央的开光盒子雕情节性人物像，两端刻月牙，雀替深雕灵芝纹；两厢拱枋分别雕饰"福禄寿"三星与"麒麟"图案。廊步做卷棚轩，有狮子形的撑拱。

司马第门头

司马第正厅

后面亦为有天井的三间两厢，梁枋同样雕饰华丽。除了堂屋前后敞开外，正屋和厢房、楼上与楼下全做隔扇，工艺精巧；尤其是"护净"的雕刻更为精美。护净系一块横向的栏杆式构件，大约 40 厘米高，安置在正房次间朝天井的窗扇外侧，为的是在窗扇打开时可以遮挡一下次间的卧室。它是房屋小木装修中雕饰最华丽的构件，其栏板上刻的戏剧人物故事，构图饱满，透视多层，雕工精细。

司马第主体屋的右厢可通往轩斋。轩斋为吟诗作画、专心攻读之处，前有天井和花台，内三间两厢、隔扇门窗，梁枋、雀替等处雕琢精致。此外，还有花园、庭院、厨房等附属建筑。

建造房屋的主人是余维枢，据文献记载：他生于 1613 年，殁于 1666 年，字中台，号慎游，是余懋衡之孙。他自小立志读书做官，"天性孝友，禀质端凝，童时即潜心理学"。其祖父余懋衡奇之，"遂悉授以心性之学"。在顺治壬辰年（1652），他 39 岁时参加科举考试，获岁贡廷试第 3 名，授直隶永年知县。

余维枢是一个勤政爱民的好官，"为政一本学道爱人，葺黉宫，立义塾，朔、望集诸生论性道。……疏河筑堤，以防水患；捐赀贸田，以养无告；凿井建闸，以资灌溉；诸所举行尤为数百年计"。康熙壬寅（1662），因大盗越狱被罢职；癸卯（1663）复出补为山西临县知县。甲辰（1664）行取，迁司马，授兵部职方司督捕主事。"生平力行祖父遗训"，"尤重然诺，尚气谊"。丙午年（1666）卒于任所。

余维枢诗文祖唐汉，书法类颜（真卿）王（羲之），片语只字，人争宝之。他还有《从祀诸儒系议》《泮宫礼乐合集》《令洺录》《中台文集》《中台诗稿》《毛诗解》《池上楼诗集》等著作传世。

司马第虽是官厅，但不奢华；虽等级分明，但并不森严，余维枢在家庭里把主要精力用在教子读书上，他的三个儿子都有文名，载入志书。据民国版《婺源县志》记载，余光耿（1653—1705），余维枢之子，博学多才，康熙乙酉（1705）中举，是年冬遽卒于金陵旅寓。著有《一溉堂诗集》4卷、《一溉堂赋集》《筹海策略》《蓼花词》和《雅历》等著作传世。余光贮，自幼聪颖，年10余岁，父余维枢教以鲁公（颜真卿）书法，即能代父捉笔酬客，往往乱真。于书无所不读，为文辞藻灿烂。就试山左，为学使施闻章所赏识，欲拔以冠军，知非土著，乃抑寘第二，旋夭于痘。余绳武（1654—1728），余维枢之子。诗文豪爽，有晋人风，著有《无隐园稿》。

理坑在余维枢读书做官榜样的影响下，在余维枢教子读书的示范下，家家重视读书。这个偏远闭塞的深山小村，有"十家之村，不废诵读"的书香之村的称谓。有不少人发愤读书，想走余维枢之路，去实现"朝为读书郎，暮登天子堂"的梦想。

时至今日，理坑仍保存有"大中祠"，在这个祠堂里祭祀的是靠读书为官的中书余垣和兵部主事余维枢。在理坑村人眼里，祠堂不单是宗族关系的物质表征和供奉祭祀祖先的神庙，而且是一种精神文化的象征，是宗族不断发展追求的价值取向。每逢宗族祭祀活动，都要求全族男丁参加。在理坑，凡祠事均由"宗子总理"，并"选有识、有守、有才者四人相之"共理，可见祠堂祭祖是宗族最隆重的大典。理坑村人把余维枢作为祭祀对象，说明他们一方面希望后代以余维枢为榜样，一方面希望余维枢保佑后代们读书发家。时至今日，读书对于底层的农家子弟来说，仍然不失为一条实现梦想的捷径。

汪山土库

南昌市
新建区
汪山村

江西省省级历史文化名村
中国传统村落

　　汪山土库，又称程家大屋。当地百姓把大型青砖瓦房称为"土库"，而一座大型青砖宅院建在汪山岗上，故此得名。它坐落在新建县东北部，赣江西岸，濒临鄱阳湖，距南昌市30多公里的滨湖丘陵地带。远远望去，高大结实，青砖黛瓦，封火山墙，气势恢宏，巍伟壮观。与周边建筑一比

汪山土库

汪山土库天井

较，它显得金鸡独立。

程家大屋的始祖玉琭公在明弘治年间，迁居新建大塘坪乡汪山村。汪山村地处鄱阳湖西汊，紧靠修河支流蚂蚁河，土质肥沃，水草丰盛。程玉琭在汪山村以北三里地的双湖边搭建茅舍，以养鸭、种湖田为生计，终年辛劳，渐有积蓄。乡邻尊称他为"鸭太公"。在解决温饱生存后，程氏后人非常重视教育。一边种田养鸭，一边让子弟读书。

程氏家族重视耕读的家风终于在嘉庆年间爆发出耀眼的光芒。通过科举考试之路，程氏家族出了程矞采、程焕采、程楙采"三个大红顶子"。程矞采（1783—1858），清嘉庆十六年（1811）中进士，此后历任浙江布政使、江苏巡抚、云贵总督、湖广总督等职。他的堂弟程楙采（1789—1844）在三年之后的嘉庆十九年（1814）中进士，历任凉州知府、安徽布政使、安徽巡抚等职。再过六年，程矞采的亲弟程焕采（1787—1873）于嘉庆二十五年（1820）中进士，历任衡州知府、湖北按察使、江苏布政使等职。

中国古人的财富观念是有积蓄则回家购地做房子，否则就是锦衣夜行无人知，程氏家族也继承了这种传统做法，三人和其他堂兄弟共八房人在祖宅东面共同建造大宅院。

　　程家大屋始建于清道光元年，至同治元年基本建成，历时半个世纪。程家大宅院东西长 337 米，南北深 180 米，占地面积超过 6 公顷。整个宅院坐北朝南，依山枕水，以祖堂为中心，东西两侧一字排开，内有房屋 25 幢，1443 间，大小天井 572 个。

　　程家大屋从东到西共分 11 路，由 25 组相对独立的天井式建筑组成。

　　中路为祖堂，共五进，为祭祖之所，同时也是家族的公共活动场所。两侧设夹道，与其他住宅分开。祖堂后设横巷，称"八尺巷"，约合 2.4 米。隔巷有一座两进带后天井的宅院，为族人居处。

　　东一路是程裔采房所有，为大房，建筑规模最大，组织最为复杂。南面为一座四进三路大宅，中路为主宅，五间四进。东路设跨院，为佣人房及厨房等辅助用房，较简易。西路为三开间四进，规模逊于主宅，其他标准则基本相同。其后设八尺巷，隔巷又是一座五开间四进大宅，东西均设跨院，将其分为南北两部，各两进。

　　东二路、三路、四路为二房、六房、十房，形制类似东一路，均为五开间五进带东跨院的大宅，各路间均设夹道分隔。在此三路八尺巷后面还有望庐楼、退思堂、稻花香馆和大房仓等家族公有的大型建筑物。

　　祖堂的西面是西一路为四房，西二路为三房，西三路为八房，西四路为七房，结构和规模亦与东一路相似。西五路、西六路在八尺巷后，功能均与住宅有别。西五路称"四箴家塾"，为家族子弟读书处。西六路为"接官厅"，前有大庭院，后为一座两进天井式建筑，是接待重要宾客的场所。

　　程家大屋是江西境内现存最大的官宦家族宅院，2006 年被列为江西省文物保护单位。

　　程家大屋以穿斗式结构为主，仅各路大厅设抬梁式屋架。

汪山土库外墙屋顶

外部墙体均为青砖墙，红石打基础，眠砌勒脚，窗台以上则全为一眠一斗的空斗墙。外部围墙高大结实，具有防盗功能。内部每栋房子之间皆设有封火墙，具有防火功能。程家大屋是赣中典型的大官宦建筑。

汪山土库走廊

程家大屋建在滨湖的高地上，冬暖夏凉，通风纳阳效果良好。宅院内凡是住宅均设楼房，季节干燥时睡在楼下，季节潮湿时睡在楼上，有效地避免了湿气对身体的侵害。凡是地面皆铺石板或砖块，卧室隔空铺设地板，雨水能通过阴沟排出，使厅堂有效地保持整洁，使卧室保持干爽。在这里生活的程氏家族发展正常，没有稀奇古怪的疾病干扰，远比其他地方程姓人口繁衍得快。当地民间流传程氏占有极好的风水宝地，所以才造成了其家族繁盛。其实程氏家族繁盛的主要原因不是风水，其建筑地势良好，结构合理才是家族繁盛的原因之一。

程家大屋，建筑规模虽大，但实际用料普通，工艺平常，装修朴实，整个建筑具有文臣风格而非暴发户气息。屋主人把主要精力用在重教崇文上，形成了良好的耕读家风，影响数代子孙。

100多年以来，汪山程氏家族兴盛不断。程矞采的父亲程楷重金聘请大塘名师程聘野为家塾先生。程聘野学问远近闻名，以教书为业，人品甚佳，因为人耿直，常常得罪富户，有怀才不遇之慨。程楷经常接济，帮助他度过难关。一遇机会，便正式聘请他来教育其子。程楷的诚心让程聘野感动，于是认真调教矞采等兄弟。自清嘉庆十九年开始，程矞采中进士，接着程焕采、程楙采等又有三人中进士。自清嘉庆至民国的100多年的时间里，程氏家族共有进士4名，举人11名，社会名流100多人。

　　汪山程氏百年兴盛与家族重教崇文密不可分。程天放是乔采曾孙，曾任浙江大学校长、驻德大使、四川大学校长、国民党中央宣传部部长等职。他自小在程家大屋受到严格的管教，致力于实现读书做官的理想。据传他学习刻苦，家里人怕他在省城读书受寒，派佣人送被子给他，里面夹放了一块熟腊肉，他从未打开用过，数月后被子带回家时里面都发臭了，可见他一门心思在书本上。程懋筠是程焕采五世孙，民国时期著名音乐家，《中华民国国歌》的作曲者，也是在严格的家教下成长起来的文化名人。

　　汪山程氏一边督促后辈勤奋读书，一边教导家族成员严守道德。这也是汪山程氏家族保持长盛不衰的一条秘诀。程焕采自官场归隐后，生活恬淡俭约，却热心公益事业。创建了宾兴会，协助其父辈在大塘程族置义田，办义学，兴修水利，救济灾民。"义田"收入，除帮助族中子弟读书外，另一项重要任务是扶持族中的鳏寡孤独及残疾者。

　　汪山程氏之所以百年不衰，首先源于他们的耕读家风；其次得益于重文崇教的家训；再次得益于程家大屋合理地势和结构，还有很多民间的众说纷纭，这些原因，不仅仅是程氏后裔的回忆和乡愁，也是现代人应该面对和思考的问题。

# 黄友山宅

江西省国家级历史文化名村
江西省省级历史文化名村
中国传统村落

罗田村　安义县

　　黄友山宅，又称世大夫第，位于罗田村前街，建于清代光绪初年。前街是罗田的一条主要街道，由麻石条铺就的古道，贯穿整个街道。它东通西山万寿官、洪州、进贤等地，西往奉新、靖安、武宁、修水，北接永修、星子、九江、湖口，南靠高安，是洪洲与西北各地的交通要道之一，也是西、北各地香客来万寿官进香的主要通道。在整个明清时期，前街是商铺林立的商业街。为了节约房地产开支，"前街绸缎布匹，后街仓库栈房"。商家多以前铺后坊形式经营，可见前街的地皮珍贵。然而黄友山却在前街建造了1500平方米的私人住宅，其中正屋面积370平方米，内有学屋、仓库、闲屋、水井、前院及后花园等，可见他的势力在当地如日中天。

　　黄友山，本名兰芳，又名本效，字仰贤，别字友山，1853年出生，自少年开始受了严格的儒家教育，1891年中举，1894年中进士，此后开始为官，历署九江府训导（从八品）、万年县教谕（正八品）、九江府教授（正七品）、袁州府训导，宣统二年任江西省咨议局议员。民国二年，任宜春县知事，民国四年任安义县自治会议长，同年病逝。

　　黄友山私宅，三重进结构。建筑物高大宽敞，大门头上也有"世大夫第"的横匾，这是因为房子的主人黄友山不仅是黄秀文的后代，而且他本人曾做过九江府、袁州府的教谕、教授，是七品官，所以他可以承袭祖上府第的名称。在罗田，该宅仅次于黄秀文建造的"世大夫第"，是位居第二的大屋。

俯瞰黄友山宅明堂

　　黄友山宅以砖、木、石为原料，以木梁柱为框架，以大石块为墙基和天井地，以砖为维护墙。木梁柱用料硕大，且注重装饰。其横梁中部略微隆起，故民间称为"月梁"，两端雕出圆形花纹，中段雕有多种图案，通体显得恢宏、华丽、壮美。立柱用料颇粗大，上部稍细。梁托、爪柱、叉手、霸拳、雀替、斜撑等大多雕刻花纹、线脚。梁架构件的巧妙组合和装修使工艺技术与艺术手法相交融，达到了珠联璧合的妙境。梁架不施彩漆而髹以桐油，显得古朴典雅。墙基、天井、栏杆、照壁、漏窗等用青石、红砂石或花岗岩裁割成石条、石板做成，且利用石料本身的自然纹理组合成图纹。墙体使用青砖砌至马头墙。墙面体形成一个个的"斗"状，"斗"内灌土，砌砖灰缝精细而工整，以白石灰为黏合物，墙面形成规则的排列有序的纹理。

　　黄友山不仅是一个文职官员，也是一个关心国家大事的人，在当时江西省内旧文人之中，他是一个非常可贵的开明人士。1915年袁世凯搞复辟活动，改年号洪宪，称帝，他极力反对。被袁世凯视为眼中钉，肉中刺，遭到反动势力逮捕，直到袁世凯死后，才出狱复为省议员。

　　黄友山宅内专门设置了一间"微型农具馆"，陈设了不少各个朝代的农业工具，有意思的是主人还在馆内悬挂着自己撰写的楹联，以表心迹。第一副上面写着："匠心独运方成器，绝技精施始见功。"此联意思是说，独自运用工巧的心思，才做成了这些实用农具；施展绝世的技艺，才见到了事情的成功。可见当时黄友山具有进化论思想，关心农业工具，这在民国初年的江西，是独具慧眼的见识。第二副写着："虽是寻常物品，亦见先民智慧；纵非珍贵东西，也显华夏文明。"此联意思是说：虽然是平常的物品，但可以看到古人的智慧；纵使不是珍贵的东西，也显示了中国古代的文明。从这副对联来看，主人有意识地收藏了不少古代的农具，为农史研究准备条件。第三副写着："神农削木造耒耜恩泽万世，后稷教民植稻菽惠泊九州。"此联意思是说，神农发明了

罗田古街

用木头削成的翻土农具，使万世的百姓都受到恩惠；后稷教人民种植水稻和豆类，使全中国的人都得到了好处。从此联来看，主人不光具有博物学的眼界，还具有农具史的专门知识，称他为近代中国农具史研究先驱，应该不为过分。

在黄友山身体力行的教导下，黄友山宅的后人非常重视新学，率先进入新式学堂学习，逐渐影响罗田，乃至整个安义。可惜的是，由于近现代中国战乱频繁，对农具收藏和研究很少被人关注，只是在改革开放后，才被人们重新重视。在整理村史馆资料的时候，人们发现，近现代中国农具史研究先驱就隐没在江西安义县罗田村。因此，高手在民间，向民间学习，这不是虚言。

云亭别墅

进贤县
陈家村

江西省省级历史文化名村
中国传统村落

陈家村云亭别墅

云亭别墅既不是建筑在风景名胜区，也不是一栋现代休闲建筑，而是近代最早称别墅的中国传统建筑，它就坐落在进贤县架桥镇陈家村。

"墅"的本意是田舍、草庐之意。"别墅"这一称呼最早在明代文献中出现，本指主宅之外的别宅。"别宅子"本指别宅里出生的孩子，即私生子，按大清律规定，没有财产继承权，地位很低，成为南昌方言里骂人的专用词。生活在清末民初的南昌府人陈应辰，他将自己新建的别宅取名为"云亭别墅"。

云亭别墅是陈应辰所建的私人住宅群中的一栋房子，是供主人读书、接客和赏物的处所。这座私人住宅群在村庄的东部，被当地村民称为东庄园，主要由"中宪第"、"小驷门"、"云亭别墅"等多个单体建筑组成，总面积达2000多平方米。1942年被日军烧掉大半，现存门楼、别墅、马厩及残存后房四幢建筑，共千余平方米。

陈应辰，1853年出生在南昌府进贤县架桥乡陈家村，光绪十六年（1890）中进士，长期在外为官，曾任都昌县训导、刑部浙江司行走、永泰和宁化知县。由于他在任职期间"淳厚有清行"，很受当地士民欢迎，所以在改朝换代之际，士民仍推选他为县长。民国二年（1913）任福建省大田县长，后因有意归隐，故"接事甫数月即卸职去"，离职时，他作了一首留别诗。

> 不才羞对叟偕童，半载吹竽数滥充。
> 曾悯黍苗祈夏雨，每怀莼菜话秋风。
> 清名毕竟伤杨震，浊富何尝绝石崇。
> 来暮去思缘底事，多情惟谢主人翁。
> 阳关一唱已心惊，利锁名缰两不争。
> 栃骥悲鸣豪士志，荆鸿落拓旅人情。
> 闲身岁月抛纱帽，饱眼烟云返筛旌。
> 留得庐山真面在，那堪斜日半帆征。①

　　从诗中的内容来看，他爱民重农事，懂得廉洁奉公的意义，同时又表达了对世事茫然，辞官归隐的决心。

　　关于东庄园建筑的时间，现有资料没有记载。有关专家从风格上分析，说是清代建筑。从陈应辰生平来看，他长期在外为官，民国二年在他60岁时才告老还乡。从大门上的横匾题词"中宪第"的落款来看，时间是在民国十二年，即1923年。按照一般农村建房的规律来看，东庄园起建时间应该在陈应辰为官期间，他积攒了一些钱，拿回老家来先买宅基地，有钱就建一两栋，钱不够了就暂时停下来。陈应辰告老还乡后，才全面规划建造庄园，直至1923年才最后完成整个庄园的建设。现今已见不到东庄园原貌，仅可从中宪第大门和云亭别墅两座建筑物来估测原貌了。

　　中宪第大门本是东庄园大门，呈内凹八字形。建造这种门，说明主人有谦让之心，进出大门既不影响来往行人，下雨天还可以让行人在大门口避雨。门框由红石组成，属赣派民居特色，俗称石屋门。门楣上有"中宪第"横匾，扁上有披檐，披檐竖柱、横梁雕刻精美。门顶由灰瓦覆盖，中

①民国《大田县志》，卷四，职官志，厦门大学出版社，2009年。

云亭别墅前中宪第门楼

间高两边低，这种类型的门是清末民初典型的赣中地区的门，横向看，像官帽状，象征"升官"；纵向看像"八"字形，"八"与"发"谐音，这种门被称为升官发财门，可见陈应辰也在入乡随俗。

云亭别墅门也是红石框架，但是呈一字型，即门与墙在一条线上，可见这个门是园内屋门，不是对外的大门，没有必要做成内八字型。门楣上有一块横匾，上有"云亭别墅"四个正楷大字，遒劲有力。横匾四周的红石，全部进行了装饰，手法多样，既有阴雕，又有浮雕和镂雕；既有谐音，又有象征手法；内容多为吉祥之意，具体纹饰主要有牡丹穿凤，麒麟吐瑞，松鹿同寿，戏剧人物等。横匾之上由红石撑起了一个门楼，与村中其他古门楼比较，这个保持最为完好，究其原因，红石比木柱更经得起风吹雨打。

云亭别墅开门左侧，拐入，抬头是天井，三进式样结构，虽然墙体高大，但别墅平面呈长方形，透风纳阳效果较好。厅房高大宽敞，除精美的木砖石雕之外，还有木制板墙上绘就的精美图案，虽因时间久远，色彩淡落，但寓教于乐的内容还是一目了然。可见当时主人的富有和意趣。两边厢房铺设地板，高于厅堂，便于防潮。厢房上有阁楼，围栏绕着天井展开，雨季潮湿，可在阁楼上活动、睡觉，躲避寒湿侵蚀；夏季炎热，可在厅堂活动，厢房睡觉，有效避暑。

陈应辰回乡后，因年岁大了的缘故，很少参与公共事务。他只做私塾先生，在自己的云亭别墅开学馆，不仅教自己的子孙，也招收几个村中少年。因他学问好，还见多识广，村里的青少年都愿意听他讲课，更爱听他谈古说今。

陈应辰尽管是旧式文人，但他提倡学西方的机械技术，强调有志向的人要去新学堂读书。他不光把自己的孩子送去新式学堂上学，还鼓励族人的孩子去上新式学堂。在他的影响下，陈家村青少年比其他村风气开发更早。陈家村有三位青年报考黄埔军校，其中一位叫陈绍芝，考取了黄埔军校步兵科，陈应辰劝他读辎重科，结果陈绍芝读了第六期辎重科，后成为兵车专家，在抗战中曾参加了昆仑关战役，解放前夕在国民党军队中任少将。

陈应辰在村里威信很高。不光因为他教书好，还有很多令人尊敬的地方，如常常接济族人，对一些有读书潜力的孩子免除学费。更重要的是他教子很严，不管他儿子官位多高，年龄多大，只要犯错，都要挨罚。儿孙从外面回村，一律不许骑马进村，要牵马走进村，见人必须礼貌周到。由于陈应辰家教很严，因此，他家里没有一个抽鸦片的后代，个个皆有出息。

陈应辰不光留下了云亭别墅，还留下了教子"严"的家风，如今陈家村人才辈出，成功的人没有一个不是在严格的家教下成长起来的。

羽琛山馆

进贤县
陈家村

江西省省级历史文化名村
中国传统村落

　　羽琛山馆，坐落在进贤县架桥镇陈家村西部，村民称它为西庄园，与东庄园一样也是一座私人住宅群，它由"宝俭庐""诒经室""还读楼""恋春阁""磨砚山房"等主体建筑和"洁馨屋""涵春池""憩怡廊"等附属建筑组成，总建筑面积达4000多平方米。羽琛山馆的建造者，为陈家村陈氏第十五世孙，在知县任上返乡的陈志喆。

　　陈志喆，谱名绳稹，字琳卿，一字亦初，号西岑，咸丰乙卯年（1855）出生在南昌府进贤县架桥乡陈家村，光绪十二年（1886）中进士，根据资料记载，他曾先后任"钦点翰林院庶吉士，改授广东会同知县，花翎知府衔，历署四会、曲江、博罗等县知县。甲午科充广东乡试同考官。丁酉年腊月闻讣丁外艰回籍守制。庚子服阙，壬寅谒选入都，癸卯选授四川江油县知县，

陈家村羽琛山馆

历署新都、温江等县。大计卓异，在任候选道。宣统三年十二月，交卸回籍，杜门不仕"。由此可见陈志喆在外做知县 20 多年，直至清朝被推翻，他才被迫返乡闲居。村内有很多关于陈志喆的口头传说，如，"三年清知县，可捞十万银"。传说陈志喆带回很多钱，到底多少，没有人说得清楚。又如，"宁做知县，不做知府"，"享受知府的待遇，干着知县的事情"。可见陈志喆在外做官非常圆滑，难怪在改朝换代之际，他不能在原位上留任。

陈志喆返乡闲居，并没有真正归隐，而是积极活动，根据现有资料显示，他先后利用师生、同年关系，与晚清名臣洪钧、王庚荣，江西地方名士、南昌县进士胡寿椿、曾作舟、喻秉绥等人来往密切，寻找和等待东山再起的机会。

10 年后，终于在 1921 年他 66 岁的时候，被江西督军陈光远聘为顾问，省长杨庆鋆聘为自治筹备处参议。他借主持江西全省陈氏宗祠和宗谱的机会，推崇江西督军陈光远为督修。他在《重修陈氏通谱序》中有如下记述："有陈通谱，创自后唐明宗天成二年，再修于宋开庆，三修于元至正，四修于明正德，清乾隆辛酉五修于抚军陈文恭公，道光庚寅又经六修。迄今民国辛酉，距乾隆辛酉百八十年矣。我宗人筱梅诸君援文恭旧事，商请督军陈公倡修宗谱，不以喆之荒落，属任斯役。"（《陈氏家乘》序言，民国十三年刊印。）这是自暴以文化活动作为拍马屁的举动，不仅如此，陈志喆还将本村的陈志牮、陈起、陈铎、陈祖诏、陈珑、陈祖访等 6 人拉入编纂机构，担任缮校之职（《陈氏家乘》职员表）。作为回报，陈光远在《江西陈氏重修大成谱序》中说道："懿我陈氏肇基于虞帝，于胡公妫满姚墟，系出神明之胄，瑕邱户牖，代生辅弼之臣……今远与南昌西岑先生皆其苗裔也。西岑早掇巍科，晚寻高躅，密行淳笃，有一乡善人之称。蕴学闳深，为当代儒林之望"（《陈氏家乘》序言）。正是借助通谱的编纂和大宗祠的重建，无论是陈志喆本人，还是上艾溪陈氏一族，均将自身的声望提升到一个新的高度。1925 年，江西最高首长改为督办方本仁、省长改为李定魁，此时陈志喆虽年逾 70，仍被聘为重修江西通志局的局长，说明他为官有过人之术。

关于西庄园的建造时间问题，现有资料上没有记载，据村民传说，陈志喆花了三年时间，精心打造而成。从时间上推算，陈志喆自中进士以来，一直到清朝灭亡，他没有连续三年在家的时间，只有民国前 10 年他在家乡闲居，估计就是这段时间最后完成西庄园建设的。

西庄园建筑风格与东庄园相近，只是规模要大一倍以上，用料更加硕大，装饰更加奢侈。在各类门窗梁上除了雕有吉祥花卉和人文典故外，还雕刻了 72 只憨态可掬的猴子，这成为西庄园一道独特的景致。以猴为主要装饰物，说明主人对猴有特别的爱好。

西庄园在陈志喆身后，分给了他的几个儿子。由于陈志喆把大部分时间用于官场应酬，对儿子疏于管教，再加上过于溺爱，个个儿子都不成器，不是吸食鸦片，就是无法无天的吃喝嫖赌，偌大的家业在第二代手里就逐渐败光了，转为他人所有。陈志喆著有《磨砚山房丛稿》、《羽琌山馆稿》、《清夜钟声录》、《粤游草》、《蜀游草》、《兴学刍论》、《变法刍议》、《邑乘存稿》、《家乘存稿》、《大宗谱存稿》、《自定年谱》和《岑华山馆笔记》等著作，国学功底令人惊叹。

# 厚德堂

江西省国家级历史文化名村
江西省省级历史文化名村
中国传统村落

高安县 贾家村

"厚德堂"大门

　　厚德堂位于高安市贾村官道西面，建筑面积为 728.5 平方米。贾村村
民把在外为官之人返家建造的宅邸称作官厅，可是，厚德堂到底是谁建造
的至今不明。厚德堂是目前贾村保存的 2 栋官厅中最好的一栋。关于它建
造的时间，有人认为是明代建筑，有人认为是清代建筑，也有人认为是明
末清初建筑，笔者认为是清代早期建筑，理由是在厚德堂东面墙基的石头
上雕刻着"蝙蝠"纹饰，蝙蝠是入清以后才开始作为"福"的象征符号。

　　厚德堂坐北朝南，前后为水平滴檐，两侧为三跌式翘角封火墙建筑。
正门辟于东侧山墙南端，双开一字门，入门山墙为照壁，用砖砌成内外连

厚德堂内景

锁万不断纹饰。下堂顶棚为彻上露明，上堂为仰尘。木质构架采用抬梁与穿斗结合形式，屋面完全由柱梁框架支撑，墙体仅起维护和间隔房间的作用。屋外墙均用条形麻石作墙基，砌至1.5米高，非常坚固，具有良好的防盗作用。上下堂中两侧置有向外通道并开有小门，其山墙上有石质透风窗。

　　厚德堂为三进单层宏大建筑，内有8口天井，三进主天井，一进高过一进，踏入最后一进后堂，需踩上一块硕大长形条石阶，寓意步步高升；后堂上方悬挂一块"厚德堂"木匾，这里为家族祭祀重地。其余四口天井为厢房采光、通风所设，面积较小，有长方形的，也有正方形的，天井处置有影壁，由青砖砌成福、禄、寿、喜圆形字样。

　　走进厚德堂内，明显感觉厅堂大，房间小；厅堂少，房间多，共有52个房间。在一厢房门楣上方悬挂着"兄弟同科"牌匾，这是在清咸丰九年，皇帝大婚时特设恩科考试，贾明耀、贾奎耀兄弟俩同时中举，为彰显家庭荣耀，特意制作这块匾额，挂在他们居住的厢房门楣上。厚德堂建

厚德堂房梁装饰木雕

筑物内空间高大，通风透气效果良好，建筑用材粗硕，装饰奢侈，置身其中，能感受到昔日官宦之家的豪华气息。在厚德堂历史上确曾有一位外姓高官居住过，这就是国民党中将王耀武。上高会战期间，国民党74军军部驻扎在贾村，当时村中最宽焯，最豪华的民宅自然要租下来给军长王耀武做指挥部使用，于是就选中了厚德堂。王耀武将军入住厚德堂，在此指挥部队与日军作战，日夜辛劳，直至取得会战的胜利。

厚德堂装饰以木雕和石雕为主，木雕内容丰富，特别值得一提的是狮子，木质柱梁上的狮子斗拱，显得特别雄伟、气派、尊贵。细看这对狮子：雄狮脑门高、双耳耸立、张口露齿、长须上卷、身体肥大，左前脚踏一绣球，一副威不可犯的样子；雌狮脑门宽阔、天庭饱满、眼窝深凹、眼球凸鼓、鼻根深陷，张嘴欲吃欲笑，看起来一副憨态可掬的样子，显得威而不露、凶而不残，呈现一位母性的慈爱。石雕以后堂狮子斜撑为代表，雕狮

厚德堂天井

厚德堂匾额

子滚绣球，一雌一雄，成双成对，左侧为雄狮，右侧为雌狮，符合中国传统男左女右的阴阳哲学。厚德堂东墙面对贾村最宽的官道，在东墙基花岗岩石条上，雕刻了丰富的动物、植物图案，其中青鸟、蝙蝠、梅鹿、凤凰、阴阳八卦和二龙戏珠等图案也十分精美。

厚德堂木雕、石雕装饰代表了清代早期赣派风格。所有图案都使用了象征或谐音手法，如雕刻"松"表示松鹤延年；雕刻"竹"表示高雅脱俗；雕刻"梅"表示喜上眉（梅）梢，坚韧不拔；雕刻"兰"表示玉（玉兰）堂富贵，孤芳自赏，即每一种图案都具有一定的寓意。又如，雕刻"羊"表示三阳（羊）开泰，好运即将降临；雕刻"兔"表示玉兰吐（兔）香，雕刻"鹤"表示松鹤延年。雕刻手法多样，有圆雕、镂雕和高浮雕技法。雕刻刀法娴熟，线条流畅。

美中不足的是，厚德堂内的雕刻，多有损毁，特别在重要部位，如动物的面部、眼睛或手足部位，往往是画龙点睛的部分看不见了，令人扼腕痛惜。现今居住在厚德堂的老人告诉我们说，这是"文化大革命"期间红卫兵搞掉的，当时不敢阻拦，即使拦也拦不住。

柳树厅

江西省省级历史文化名村
中国传统村落

分宜县 介桥村

柳树厅在江西省分宜县介桥村东部。介桥村古建筑可分成十祠堂、九府第、二十九家私厅、三书院和七分支厅，而柳树厅就是七分支厅中最有代表性的一座，属五房支厅。

江西宜春地区的人习惯把官员在老家建的房子称为"厅"，这是有文化渊源的。自唐代开始，百姓把官府听事问案之处称为"厅"，后延伸为官员住宅也称为"厅"。介桥村柳树厅是五房十六世的尧日公于明天启年间所建，因为它是朝廷官员，所以被称为"厅"，又因为他家后代繁衍得快，柳树厅不够住，于是纷纷搬出另建新宅，柳树厅作为共同拥有的祖屋，于是就成为分支祠堂，民国期间重修了前厅，目前保存完整。

柳树厅

　　柳树厅坐西朝东，门前有一坪场，为村官道的一段。南隔弄巷与政成屋相邻；西与新德、丁成屋有巷相分，北隔巷与调元屋相邻。柳树厅是一栋长方形建筑物，东西进深 24 米，南北宽 10 米。从坪场进大门，须上三级台阶，房基高于官道。门前建有门廊，两根粗硕廊柱，相间 4.6 米，支撑廊顶，廊柱上下粗细一样，与北方建筑廊柱相同。廊梁采用穿斗式结构，了无装饰，属典型明代建筑风格。门廊内有三扇门，中间门宽 1.9 米，两边门宽 1.3 米，三扇门均是双开门。这样的门在江西民居中少有，在官府衙门中常见，难怪村民称它为"厅"。

　　进门后可见，下堂高大宽敞，两边均无厢房，上下堂之间有一天井，相对房屋来说很大；相对江西典型天井来说，这不是天井，倒像北方院子，可见兴建房屋的主人尧日公在北方做过官员。天井南北两侧各建厢屋，屋檐很窄。天井中间有踏台，便于行人过往。正堂宽 3.5 米，地面铺砖，太师壁上挂堂匾，下置神龛，有一通道连接后院，后院有门与外相通。

　　柳树厅为砖木结构，四周砖墙，南北两边墙体高高耸起，封火墙尖端塑有仙雀。柳树厅最大特色是木质框架，整个屋顶依靠柱梁支撑，墙体只起维护和间隔房间作用，凡是依靠墙体承重的厢房，皆是后修。所有屋柱上下同粗，所有屋梁左右同粗；所有屋柱直接垫在础石上，所有屋梁几无装饰。柳树厅具有较多的明代北方建筑风格。

　　介桥村民重视走科举道路。据《介桥严氏家谱》记载，在明朝永乐十三年（1415）至天启元年（1621）的 200 年间，全村有 154 人获得秀才以上称号，70 人进仕为官。今天，不能把这种历史现象仅仅归纳为族官庇护。严嵩这一房在明代有三位进士，即严嵩的高祖严孟衡，永乐十三年的进士；严嵩为弘治十八年进士；严嵩的曾孙严云从，天启二年进士。从他们中进士的时间来看，相隔太远，上下庇护几无可能。严嵩少年时期家里贫寒，走上科举做官道路，主要依靠的是自己发奋苦读。严嵩的儿子严世蕃做官确实得到了严嵩的庇佑，严嵩被朝廷诛灭以后，成为千人指万人骂的角色，天启年间严嵩的曾孙严云从再次考取进士，应该说不是家族庇护，而是依靠自己的真才实学取得的。

　　介桥村民重视儒家文化，有耕读传统，为科举考试的成功奠定了基础。"耕"是为了解决生存，"读"是为了发展，耕读文化这个传统，在现代江西农村仍然可以看见一些遗痕。介桥村读书人多了，基数大，不是一房、二房有人中举，就是四房、五房得到进士报喜。无论明清朝廷变幻如何，村庄数百年持续发展，说明介桥村抓住了明清社会耕读文化脉搏，走出了一条科举升官发财的道路。

介桥严氏家族五房，尤其重视耕读文化。在清雍正年间出现了"同科一门三举人"的佳话。据传，五房开祜公妻子刘氏接进报子（送喜报者），燃放爆竹，并安顿好茶点后，提着酒壶上楼舀酒。舀酒时，听到门外又放爆竹接报子，知道又一儿考中，情不自禁念道："好崽！好崽……"紧接着，又是一阵爆竹齐鸣，猜定又是一儿中了，更是不由自主

柳树厅内堂

地说："好崽！好崽……"喜形于色，忘乎所以，手不停地往壶中舀酒，不知不觉，将一坛酒舀干了，壶满酒溢，酒香遍楼，刘母竟然毫无觉察。这事在乡间传为佳话，至今仍有人在如数家珍般地叙说。当时朝廷刑部侍郎高其佩，听到这个佳话后，十分感慨，欣然提笔，书写"一岁三荐"，后制成匾额，悬挂于开祜公的堂前。

据《介桥严氏族谱》记载：五房开祜公生有六子，有五子中举，均有文采，三子宗喆后中进士。老五邑附生宗周因体弱多病，未能参加科举，但有文名，著有《闲亭诗草》。雍正己酉（1729）乡试，其长子宗垲、四子宗吉和六子宗璧赴考皆中举人，在分宜县内外引起轰动。

久大堂

分宜县
介桥村

江西省省级历史文化名村
中国传统村落

久大堂位于介桥村毓庆堂东侧，北面前檐与毓庆堂中进平行，与御史第后墙形成 1.5 米宽的小巷，西通毓庆堂边的弄巷，东通长弄巷。屋后南面是世德堂。

久大堂坐南朝北，东西长 16.6 米，南北宽 11 米。砖木结构，东西南三墙均是青砖到栋。东西两面墙高出屋顶，中间高，两边低，呈三跌式，即俗称的马头墙，既有防火作用，又起装饰作用。整个屋顶由木框架支撑，框架结构主要采用穿斗式方法连接。外墙只起围护作用，没有承重功能。外墙基用石块砌成，裙部以下采用眠砖砌法，以上为斗砖砌法。这样的墙既能防洪又能防盗。屋顶盖灰瓦，灰瓦的颜色不一，说明屋顶经过多次修缮。

正北面前檐向外伸出，大门向内收缩，形成一个内凹的长方形门斗。这是赣中民居常见的一种大门形式。这种设计雨天可以让来往的行人在此歇脚。进入大门，需上三级石质台阶，跨过门槛才能进入屋内。屋内地面明显高过屋外地面，保证了洪水不会进入屋内。

进入大门是下厅，两边是厢房，中间是天井。穿过天井是上厅，上厅与下厅相对应，也是一明二暗，即明厅堂，暗厢房，整栋建筑物共有四间大厢房，厅堂和厢房上均安装了天花板。建筑物内部为木框架，屋柱间装木板墙，厢房上部为泥篾墙。天井两边上下进厢房形成游巷，东西游巷开有侧门通东西弄巷。上厅后墙两侧各开有一后门。整栋建筑共有五门，冬季寒冷，可将门关闭，保持屋内暖和；雨季潮湿，可将外面敞开，保持空气畅通，这种东南西北皆有门的设计，在只有传统建筑材料的情况下，是一种合理的设计。

久大堂马头墙

久大堂厢房

　　久大堂建造者是严开昶。他是清代康熙庚辰进士，曾任浙江道监察御史，告老还乡后，就在自己的家里做私塾先生，据传他的书教得好，对自己的子孙严，对族人的子弟慈。在久大堂居住的后代，繁衍很快，住房紧张，于是在下厅距天井1米的地方，用木板隔开，形成一小客厅。在下厅的两厢房中间也用木板隔开，形成两间小房，在两厢房的墙和厅门两侧也有改造过的痕迹，但是，久大堂的整体结构没有变，还是保留了原有建筑的完整性，纳阳充分，南北畅通，东西对流的居住环境一直保留着。

　　目前，在久大堂居住了近80年的严天亮妻子李氏对笔者说："这栋房子是清代康熙年间四房进士开昶公所建，至今有300多年的历史。原来上厅悬挂一块'久大堂'匾，现不晓得到哪里去了。"能产生长寿老人的建筑，一定是结构合理的建筑。

久大堂上厅后门

　　介桥村有九府第，二十九私厅之说。所谓府第就是做过官员的豪宅，所谓私厅就是普通人家的住宅。可笑的是，真正做过清代康熙朝浙江道监察御史的严开昶，他的住宅久大堂，没有归类在九府第之中，而是归类在二十九私厅之中。从没有做过官的严鼎元，因借其祖上严开昶的名号，将自己的住宅取名为"御史第"，这栋住宅却被归类在九府第之内。介桥严氏四房，自十九世开昶公开始，人口繁衍加快，读书做官的人增多，这是一个历史事实。

# 进笏堂

江西省省级历史文化名村
中国传统村落

分宜县
介桥村

　　进笏堂坐落于介桥村北部。介桥村古建筑规模宏大，呈撒网状分布，古建筑大部位于村东部，新建筑主要集中在村西部，以龙脉为主线，西为网兜，网由北往东向南撒开。介桥村古建筑有十祠堂、九府第、七分支厅、三书院和二十九家私厅的称呼，私厅就是明清官员私人的住宅，进笏堂是二十九家私厅中的一个。

　　进笏堂是二房秉坝公所建。建于清乾隆中期，已经历了二百五六十年的风雨，是介桥现存最大且保存较完整的一处私人住宅，可谓深宅大院，蔚为壮观。据传，穿草鞋打赤脚的人不能进入进笏堂内。

　　进笏堂前后都有院子。前院呈南北长方形，院门呈外"八"字形，地面铺有人字形砖，立有两杆"爱公树"。爱公树由一树杆和二块条石板构成，杆多是柏树做的，高二三丈，杆上标有立杆者名字，条石长约五尺，埋入地下一半左右，露出的上三分之一处凿有一棱形洞眼，杆栽插在两条石板中间，树杆也凿有与条石同一水平线的棱形洞眼，再用棱形硬木条将三者穿起来固定。立杆顶端用一瓷罐盖住，减缓雨水腐蚀，瓷罐下装有几把斗，斗边挂有金属链条或铜铃，刮风时发出金属撞击声。过年时，爱公树上挂有彩带，风吹彩带舞。爱公树像京城天安门前的华表，是官员宅第的标志。后院呈东西长方形，院前墙砌有垛子，厅门与后院门稍偏未对着，前院门与后院门有意避开。

　　进笏堂位于村北，坐南朝北，前有迎禧堂，后为寿才私宅，西接进笏堂横屋住房，东为财仁家，再往东是时中堂。进笏堂长 32 米，宽 17 米，上下三进一厅四间，砖木结构，四周为砖墙到栋，并砌有垛子，里面屋柱造架，传说共有 100 根屋柱。柱基座有十几种形状。屋柱间由树墙板子或篾墙隔成厅房。

堂内中、下进两侧厢房六间，面积较小；中上进厅两侧厢房八间，面积较大。下中进厅之间有一长方形大天井，天井中间有一长方形踏台，踏台上铺有麻石条。天井四周铺有长 77 厘米，宽 37 厘米，厚 8 厘米的大砖。整个进笏堂地面均为 33 厘米见方的砖铺成。上中进厅之间并列三口天井，中间稍大，两侧稍小。两小天井上下的厢房有门对开。上进厅后墙两侧各开一后门。堂屋造型高大，厢房都铺有楼板。进笏堂已有近 20 年无人居住和修缮，屋顶千疮百孔，树墙倒塌，但基本框架完整，有待修复。

介桥村是一个典型的耕读村庄，教育发展大致经历了三个阶段。一是私塾阶段，明嘉靖以前，介桥人口不多，财力不济，学子读书多进私塾，稍富请塾师家教，或聘师授业多名族子。族子多进本村方伯书院（天顺年间严淮创办）。稍长学有所成，再负籍外出求学。二是书院阶段，严嵩出仕后，出资在紫霞山创建紫霞书院。此后族人陆续在石门庵、庄岗岭下棚建了书院。三院均为"庙学合一"的形式。族子多在这三座书院寄宿读书。

进笏堂前院

学后参加科举考试。进入清后期，族人又先后在村开办了三家书院，分别是二房祠堂东南不远的坊门书院、门楼下南面的对门书院和屋中间的南楼书院。族内还设了助学机构文昌会，且有会田，文昌会办公在文昌官，即坊门书院西边。三是学校阶段，民国二十二年私立介溪小学创立，办了三年因无资金停办。民国二十四年至二十七年，介桥无学校，有条件族子

进笏堂后院

到县城读书。民国二十八年公立介桥中心小学开办，校址在二房祠堂南面文昌官，拆除文昌官建了几间教室。中小一直办到解放。由上看来，二房特别重视教育，舍得出地建书院，舍得将本房的祠堂拿出来做学校。

不仅如此，二房还舍得出钱出力建试馆。介桥自明嘉靖中期开始，陆续在县、府、省和京城设有试馆，供族子考功名时吃住，方便考试，故名试馆。老县城的试馆是严嵩出资建办，位于官巷口，称方伯试馆，又叫严家祠。1958年建江口水库被毁。宜春府城有三家试馆，分别是长房在沙子巷建的重兴试馆，二房在北门卢洲建的试馆，五房在东门大街上建有试馆。宜春三家试馆在民国三十五年械斗时卖掉，用于购买武器等。南昌设有方伯试馆，坐落在东湖。在北京西长安街附近，介桥与奉新等县共同拥有一试馆。

介桥子弟在明清时期数度人文蔚起，科甲蝉联，英贤辈出。据不完全统计，明清时期介桥村累计出了7名进士，其中严嵩一家就有3人，即严嵩高祖严孟衡、严嵩、严嵩曾孙严云从。自明朝永乐十三年（1415）至天启元年（1621）的200年间，当时全村154人获得了秀才以上的称号，70人进仕为官，在清代因读书考科举步入仕途者则更多。进笏堂主人严秉埙就是介桥众多走读书做官道路中的一员。

习振翎宅

峡江县
湖洲村

江西省国家级历史文化名村
江西省省级历史文化名村
中国传统村落

　　习振翎故宅在峡江县水边镇湖洲村中部，地址为湖洲村89号，建筑物坐北朝南，占地面积119.07平方米。砖木结构，歇山式顶，进深18.9米、面阔6.3米。

　　习振翎世居湖洲村，其父习传礼（1716年—1795），常年生活在湖洲，以务农为主，因儿子习振翎而贵，曾于乾隆五十四年（1789）在北京参加

习振翎宅外观

皇帝举办的"千叟宴",后晋封朝仪大夫。

习振翎（1757年—1818），乾隆四十五年中举人，乾隆四十九年（1784）中进士，此后，常年在外为官，在任苏州知府期间监督制造宫廷使用的"金砖"，还乡时曾携带一块回家作为纪念，此砖黑亮如漆，棱角分明，上面印有"嘉庆十七年成造细料一尺七寸见方金砖，江南苏州府知府习振翎照磨熊祖源管造，大四甲王德荣造习振翎"等，现藏分界村村民家。还曾任山西按察使、山西布政使等职，晚年告老还乡。

习振翎宅占地面积仅119.07平方米，作为一个为官近30年的三品官员，在清朝中期建造这么一栋普通住宅，不能不说习振翎是一位廉洁官员。在该宅建造后，由于不能满足家庭人口居住，习振翎还保留了儿时居住的老宅，老宅小而陋，至今保存基本完整。

习振翎宅在湖洲村古建筑中只能算普通住宅，没有任何特别之处。房屋外墙用青砖层层垒砌，从墙基垒砌至屋顶，外表不刷石灰，清爽古朴。马头墙平行阶梯式跌落，构造简单、精巧别致，墙顶顺砖叠砌、上覆灰瓦，外侧翘首上挑。屋顶上是灰瓦覆盖，铺瓦方式简单，没有装饰，没有使用滴水、勾头，灰瓦屋顶坡度平缓舒展。内部为木质梁柱结构，木柱立在石础上，基本上是穿斗式，在柱子上直接支檩（桁），各柱之间用穿枋联系，构成一组排架，排架之间用构件连接，组成木质框架结构。屋子之间采用木板间隔，面临天井的墙壁，下部多使用青砖垒砌，上部使用木板和隔扇，木质构件上多有简单的雕镂纹饰。地面使用石板铺地，厢房内有隔空地板，周边墙体基本上是起围护作用。因年久失修，房屋损坏较严重，西边墙体破损，屋顶坍塌，门窗隔扇多有损毁，亟待修复。

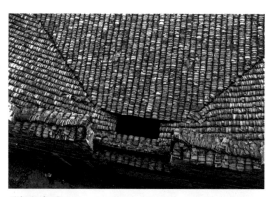

习振翎宅顶

习振翎宅门

习振翎在湖洲老家的影响，不体现在

习振翎宅彩绘

浑金如玉匾

他的故居，而体现在他的好学和清廉。习振翎出生在一个世代务农的家庭，父亲是一个务农高手，克勤克俭，将积攒下来的钱财用于儿子读书，尽管自己没有文化，却非常崇尚知识，希望儿子跳出农门，走读书做官之路。

据传儿时的习振翎一天在家读书，突然下暴雨，家里人都在抢收晾晒的谷子，他赶去帮忙，却遭到父亲痛骂："回去！不准出来！"习振翎含泪看着家人忙碌，知道自己肩负着家庭的厚望，从此在学习上更不敢怠慢。

习振翎 23 岁中举，在家乡流传"叔侄同科"这样一个佳话。乾隆庚子（1780）秋，三年一次的乡试，如期举行。湖洲村有习成襄、习振翎叔侄二人参加。公榜时叔侄二人也挤在人群中看榜。习成襄由后往前看，当看到族侄习振翎排第 22 名时，便没有再往上看，自忖族侄学问在自己之上，尚且排 22 名，看来自己这次落榜了，于是默默地离开。那边，习振翎由前往后看，当看到第 3 名是习成襄时，也没有再往下看，暗自思量，自己学问不在族叔之下，名次断不会在族叔之后，看来此次是落第了，于是郁闷地离开了。当二人各自回到驿馆房间闭门思过时，忽然有人举着红帖来报喜：峡江县湖洲人，习成襄，乡试第 3 名；峡江县湖洲人，习振翎，乡试第 22 名。叔侄二人闻报大喜，方知自己也中举了。"叔侄同榜"的消息传到湖洲村，族人无不欢天喜地，于是合村欢庆，开台唱戏，热闹无比。第二天习振翎却被父亲唤到屋里，郑重告诫："要想考中进士，从现在开始，闭门读书。"从此，习振翎又开始静心学习了。

习振翎告老还乡，没有带很多钱回家，却携带了不少书籍回来。乡里需要撰写地方志或者族谱之类的东西，总爱来向他请教，他总是不厌其烦地提供帮助，如提供参考书籍，发表意见。在《临江三孔文集》里，就有习振翎所作的序言。在闲暇时间里，习振翎爱读书和写作，著有《公余集》传世。

受读书做官传统文化的影响，湖洲村至今耕读文化浓厚，当然，时代不同了，现今村民都知道，读书不一定能做官，但读书一定是有用的。成年人克勤克俭，精耕土地，努力打工，为了孩子，家长不惜倾其所有。少年人不愁家贫，皆可上学，只要努力，就能成才。

中秋之夜，皓月当空，湖洲村民起舞于稻田旷野之中，高擎香火草龙，狂奔飞舞，然后穿梭在村庄小道上，每当草龙舞到一户人家时，这家主人便会主动为草龙插香、燃放鞭炮，祈求来年风调雨顺，稻谷丰收。自古至今，每年都举行香火草龙舞，村民以这种形式庆贺丰收，感谢苍天和祖先保佑，祈祷来年五谷丰登。

习振翎宅前巷

第三章
乡绅故居

　　乡绅是一个非常复杂的群体，笼统地说，乡绅就是乡村中有头有脸的人；细分，则退休中小官员、返乡商人、不第文人和有文化的中小地主等都属于乡绅。他们在乡村的公益事业中有所贡献，积德行善，留下良好口碑，又称乡贤。

　　乡绅故居具有保护生命安全的功能。在社会和平环境下，能防范入室抢劫、野兽侵害等恶性事件发生。在平原，乡绅故宅房子四周围护墙一般要高于普通民宅，能更好地防范入室抢劫。在山区，乡绅家的大门，由两道门组成，外层的是门栏(俗称半门子)，主要用来防范野兽侵害；内层的是大木门，用来防止晚上小偷入室偷盗。

　　乡绅故居有利用、改造自然的成分。从现存的明清江西乡绅故居来看，普遍具有方位意识，大门开在南面，北面设窗户，即坐北朝南的朝向，这样的房屋通风纳阳效果好；普遍具有地势意识，房屋的北面高，南面低，既可把冬天的寒冷北风挡住，又可使眼界开阔，接受充分的阳光，排除屋内积水；普遍具有防潮意识，室内空间高大，厢房铺设地板，建有阁楼，屋内空气对流，南北通透。创造条件建造住宅的意识，体现在这些乡绅住宅中。

# 老屋堂

江西省省级历史文化名村
中国传统村落

都昌县
鹤舍村

　　老屋堂位于都昌县苏山乡鹤舍村宗族祠堂右侧，与祠堂屋顶相连，大门面向池塘，上下堂中间两侧设置向外通道并开有小门。老屋堂是清代乾隆年间所建，是村里现有民居中最早的建筑物。

　　老屋堂的建造者是袁宗本（1762—1819）。关于他的活动，文字记载材料很少，只知道他曾获诰封朝议大夫、晋封资政大夫，应该是捐纳助饷而获得的名誉，以别平民身份，提高社会声望。总的来说，在乾嘉时期，袁宗本是当地著名乡绅，他的财富来源是半耕半商。经过 10 年之久，终于完成老屋堂的建设。

　　老屋堂建在人工堆积起来的土坡上，这是江西滨湖地区建筑的一大特色。由于鹤舍村地

老屋堂外观

老屋堂屋檐

处鄱阳湖东岸，在春夏之际易遭湖水浸淹，因此老屋堂地基高出地面1米—1.5米左右，进门需上几级台阶，屋内地面为夯实的三合土地基。

老屋堂外墙基用条石砌筑，既坚固防盗，又不怕水淹。条石之上再砌青砖，亦斗亦眠，熟泥灌斗。外墙为青砖白缝错位砌筑。在靠近屋檐处有近30厘米宽的白粉抹灰外墙，上有墨线图案。其余外墙则青砖白缝裸露在外，外墙上有石质雕花透窗，在屋顶两侧，可见高高凸起的马头墙，马头墙又称封火墙，目的是起消防作用，一旦火灾发生，能隔断邻屋火势蔓延。屋顶主要由木质框架支撑，坡形屋顶，上盖灰瓦。整座建筑是青砖灰瓦，矩形平面，立体空间高大，一看便知是典型赣派风格建筑。

老屋堂房屋框架采用抬梁与穿斗结构组成。上下厅都装有木顶、木壁、窗棂及天花板。木质表面俱用生漆漆成猪肝红色。在厢房楼上建有宽敞的跑马楼，家人能够在楼上进行正常的工作和生活，在梅雨季节不受潮湿气候伤害。

老屋堂上、下厅堂宽敞，上厅堂两边有两间正房；下厅堂及天井两边有四间厢房；上厅堂太师壁旁有门通向后厅，后厅亦有小天井，两边有两间偏房，共有八间大房，故老屋堂又称为八大间。上厅堂右边有小门，紧连着的则是一栋面朝正厅堂的三间两厢房屋。此屋没有大门，只在其他房屋朝向位置，即西面开一小门。此屋是正厅堂侧屋，室内结构和装饰与正厅堂相似，内部也有木雕镀金装饰。

该建筑的天井，具有汇积屋顶雨水、采光和通风的作用；同时又具有营造共享空间，聚合人气，优化室内环境景观的作用。天井由青砖砌就，均为长方形。天井四面屋顶的水都流向天井，有"四水归堂"的效果，有"财不外流"的寓意。天井的排水孔暗藏在不同的地方，有的天井多达四五个排水孔，雨水从排水孔出去，汇流到天井左右侧和前沿的阴沟里去。天井、暗槽和阴沟共同构成了建筑物的排水系统。即便天降大雨，老屋堂内也不会积水。

天井与上下厅堂还是建筑物内部活动中心，家庭各种节庆宴请活动，如老人寿辰、孩子百日、夫妇新婚等都在这里举行。所有活动都按照长幼的辈分、主宾的规矩有序进行，整个过程既热闹，又喜庆。我想，这样的环境就是"欢聚一堂"成语产生的具体空间吧！

老屋堂木雕装饰，采用镂雕、线刻和深浮雕技法，并对所有的木雕镀金。厢房窗户上部刻有瑞兽祥禽，配以花草植物图案。中部则刻有镂空菱花格子，内嵌卷云、鱼藻、莲瓣、几何图案。槅扇双开，槅为镂雕，槅中镶嵌锦纹。绦环板图案丰富多彩。小窗扇下面的雕刻图案则是神话戏曲人物和瑞兽祥禽、博古四艺、花草植物。下堂斜撑为狮子滚绣球，一雌一雄，成双成对，左侧为雄狮，右侧为雌狮，符合中国传统男左女右的阴阳哲学。整个木雕刀法娴熟，线条流畅。

老屋堂厢房

在"万般皆下品，唯有读书高"的时代，袁宗本遵行着耕读持家原则，将清初创办的"浣香斋"村学继承下来，不仅规定自家子孙必须就读，还供本族子孙就读。他凭借原有生活经

老屋堂天井

鹤舍村外观

验仍在维持半耕半读，半耕半商的生活方式。

　　太平年代的鱼米之乡人口繁衍很快。袁宗本生有二子，老大袁蕃俊生有一子，老二袁蕃杰生有七子，共有八个孙子。至嘉庆末年，袁宗本一家四代同堂，100多口人，未分家，全部居住在老屋堂，老屋堂八间房间，再加上侧屋两间厢房，共十个房间，平均每间房屋至少居住十人，拥挤不堪。为了生存，袁蕃杰曾以卖豆腐为生，后去景德镇做瓷器生意。可见在没有改变原有生活方式，在原耕地面积没有扩大的情况下，因为人口增多，袁宗本已经由富裕大户变成贫困大户了。

# 曾氏之宅

## 贵溪市 曾家村

江西省省级历史文化名村
中国传统村落

　　曾氏之宅位于贵溪市耳口乡曾家村境内，贵溪市耳口乡政府驻地大港下600米，实际是建于云台山西南的献花山山麓，因一条小溪（当地人把河溪叫港）从住宅群西南顺山势而下，直接汇入不远处的泸溪河，与龙虎山和上清镇天师府接壤，走水路通过泸溪河，直达天师府和龙虎山，距市区35公里。

　　曾氏之宅始建于清乾隆三十年，初建时，有42栋，510间，至五十年间基本完成，发展到68栋，712间，占地面积43816平方米。现今保

曾家老宅

曾家古建筑房梁

曾家石栏杆

曾家木雕窗花

存完好的清代建筑 19 栋，民国建筑 3 栋。

曾氏之宅依山傍水而建，层叠而上，共分为 4 排，外部依山势修建围墙，给人以一整体山庄感。等高线一样的马头墙，和谐流畅；飞檐翘角的屋宇，随山就势。既有幽雅的高楼台阁，也有王府式的递进大厅，还有两厅并列的宽敞平房。古建筑与山水完全融为一体，彼此映衬，形成一幅"青砖灰瓦马头墙，绿水青山蔚蓝天"的优美画卷。

住宅群大门坐北朝南，门前大路以花岗岩石板砌成台阶。住宅群由众多小宅院组成，每个小宅院均建有院门楼。院前围墙高 3.5 米，墙基以 0.2 米的花岗石条砌成，上砌以砖墙，亦有院前过道围以花岗石栏杆，各小宅院前空场深 5 米—6 米。住宅格式上一般为六榀三进两舍，七榀三进两舍，占地面积 500 平方米—800 平方米之间。各小宅院四周青砖墙到顶，用以防火，砖墙角体上均砌以花岗石，以防人员碰伤。

住宅群高度为 5.53 米、5.86 米、6.2 米三种。每个住宅分为前大厅，两旁为卧室，规格为 4 米 ×2.83 米。天井相连，天井后为中厅，中厅后亦有两个小天井分列两旁，中厅、后厅两旁均为卧室，天井旁亦有过道连厨房、柴草间、牛舍。各天井下均建有暗沟，用以排除屋面雨水。后厅、中厅、前厅两旁墙均为木板墙。前厅大门两边窗户规格为 1.5 米 ×1.25 米，房间前窗略大，窗户设施分为内、中、外三层，外层以细篾编成花格网状，罩在窗外，用以拒挡蚊蝇，中层为木质福、富、寿、禧组成花格纹窗棂，内层再设置一层活页薄窗板。

曾氏之宅，每栋住宅四周墙顶超过屋脊，墙下开小门自由来往，造成各栋房子之间，相连不相通。这对于防止火灾蔓延大有好处，据村人回忆，古宅曾发生几起火灾，都只能烧毁着火部分，不会对其他相邻房子造成危害。在整座住宅群又以四至五栋住宅为一小群，这既便于防止火灾大蔓延，又在整体布局上，给人以美感。住宅群坐西北朝东南，宅基地面由东南向西北梯形递进，既便于屋内采光，又顺应"紫气东来"的传统风水说法。曾氏之宅的生活空间追求的是："山深不知觉，人在画中居。"

各小宅院门上均建设门楼，门楼材料为木、砖、石，做工讲究。住宅内部布局也颇为合理，杂房与正房隔离，偏门进出，易于保持清洁卫生。庭前建有台阶，庭后种植花草。外墙为空斗砖墙，皆高出屋顶，外墙不开窗，院落各房间采光全靠内部大小天井院。建筑以青、灰、木色为主色调，用色淡雅清新。三雕十分精致，运用木、砖、石三种材料，采用谐音、象征等手法雕刻，以吉祥花鸟、人物故事为图案，寄托着屋主人对幸福生活的向往和憧憬。

曾氏之宅还具有抚河流域民居特色。结构为插梁木构架，屋面为瓦面、双坡，建筑多为一层，依山就势而建，布局形式多样，主要有横长方形式、两进天井式和三进天井式。在外部造型上，曾氏之宅注重形体轮廓，通过马头墙的运用，增加了空间的层次和韵律美。由于建筑结构严谨，古宅虽屡经风雨沧桑，但从未出现自然倒塌现象，这意味着能工巧匠在建筑技艺上的高超本领。

凡是初次来到曾家村的人，看见依山而建，青砖灰瓦，雕梁画栋，庞大的曾氏之宅，一定会十分惊讶：在这个群山环抱的地方，建造资金来自何方？是官府宅邸，还是巨商豪宅？非常遗憾，曾家族谱在"文化大革命"

天井水缸

中全部烧毁，从地方志和调查中也无法知道曾氏之宅建造者的身份。

不过，从发掘的材料来看，世代居住在这里的曾氏富而好学。解放后进行土地改革，曾氏之宅里姓曾的有 30 多户，其中 17 户被划为地主，加上在此做佣工和佃户的人，共 60 多户，这从一个侧面说明曾氏家族富有。据曾经落难到此地，后长期居住在此的外姓村民回忆说，20 世纪 30 年代，其祖母携一家七口来到这里，发现这里戴礼帽、学士眼镜，挂文明杖的读书人多。曾氏不欺生、不排外，对外姓人与族人同等看待，能帮则帮，能扶则扶，于是他们就在此扎根了。

曾氏之宅虽没有产生高官大儒，却也走出了不少文人和官员。曾效南，在曾氏之宅出生。自小在村中"经学书院"读书，后被省学政择优保送进国子监，1849 年中进士，从此在清军中任职。曾孙庆，世居曾氏之宅，清光绪 1890 年进士。辛亥革命后，曾氏子弟很快就跟上时代步伐，曾广勋，世居曾氏之宅，北洋武备学堂毕业，反对专制，赞成共和，参加革命军，曾任汉口国民军总政治部宣传科长，后一直在中学任校长。曾文彬，世居曾氏之宅，是一个热血青年学生，15 岁参加赣东北苏区工作，后担任红军团政委，1935 年在安徽牺牲。曾宪尧，1925 年出生，世居曾氏之宅，于 1948 年以学生身份参加国民党青年军，后去台湾，官至中将军衔，1988 年首次回乡，赞成国家统一。

万德盛宅

南昌县
前后万村

江西省省级历史文化名村
中国传统村落

　　万德盛宅，又称万绍芬故居，在南昌县三江镇前后万村的后村，属清代建筑。前后万村处于南昌县、丰城市、进贤县、抚州临川区四县市区接壤地带，位于抚河支流的箭江、隐溪、彭港三条河的交汇口，三面环水，仅有广三公路一条陆路与外面通车，距省会南昌 45 公里，距南昌县政府所在地 35 公里。

后万古村外围

万德盛宅

万德盛宅属两进天井式民居，坐南朝北，平面图为标准的矩形。外观为青砖灰瓦典型的赣中传统民居，中等户型。为起防盗、防火作用，四周维护墙高出屋脊，呈封闭状，墙顶盖瓦，远看呈马头状。为了使院内有良好的通风效果，在外墙上设置了多个石雕小窗洞。在外墙裙部以下用3—4块石头叠砌而成，然后砌眠砖墙，再为空斗砖墙。为防止洪水淹浸，人工提高村庄地面，高出湖面一至二米，宅基地又高出村庄地面一至二尺。万德盛宅是一座典型的湖滨地区赣派建筑。

宅院在北面墙的东边开一扇门，在东面墙的北边也开了一扇门。大门用石材为框，用木头做门。门上方有装饰的砖匾额，再上为瓦顶门罩。这种门的设置非常科学，冬天关北门，开东门，即使有北风从门缝吹入，大半从东门穿出，剩余的风也不会直接吹入大堂，避免了寒冷的北风侵蚀。

院内前天井全部用石块构建，四周有排水沟渠，可将废水排出宅外。支撑整个屋顶主要靠木质框架，柱梁间多用穿斗式方式连接，砖墙仅起维护和隔开屋子的作用。

天井檐口处多设遮阳的滑动天窗。当地称这种布局为上堂下堂式。院内西北角有一个小厢房。明间为敞口厅堂，明显大于两边暗间（正房），是家庭会客、祭祖及举办各项大事活动的主要场所，两侧正房，是屋主人的起居室，上有阁楼，供储藏杂物之用。太师壁两侧各有一个门与后堂连接。后堂后天井建构与前堂接近，一明二暗，靠南面墙建有一间屋子，称为尽间，暗间可用于居住，尽间可用做厨房或堆放杂物。建筑物内各屋子采光主要靠天井斜射光线，除尽屋外，其他房间通风良好。

尽管南昌滨湖地区夏天炎热，冬天寒冷，梅雨季节潮湿。但住在这样的建筑物内，冬暖夏凉，干爽舒适。可以保证在这样的环境下生活的人，不患南方常见的关节炎病。这是南昌古代建筑工匠为适应南方气候，形成的特色建筑。

万绍芬，万德盛之女，1930年8月在此宅出生，是万氏三十二世孙女。因家境较好，父亲开明，虽是女孩，也供读书。由于她聪明好学，学习成绩赛过男孩。曾先后就读于三江镇小学、南昌第一中学。1948年在江西国立中正大学经济系学习期间，参加中共地下党外围组织，积极从事学生运动。1949年5月南昌解放，她协助军管会接管学校。后转入江西省委八一革命大学。1950年任青年团江西省南昌市总支部书记，1952年加入中国共产党，此后一直在努力工作，不断进步，"文化大革命"期间虽受迫害，但仍不忘初心，继续努力。1985年6月任江西省委书记、省军区党委会第一书记。成为新中国第一位女性省委书记。1988年5月任中华总工会副主席、党组副书记。1988年12月至1995年10月任中共中央统战部副部长。离休后的万绍芬经常返回前后万村看望长辈。她常说："万村是我的娘家，我就是万村长大的孩子。"

前万村与后万村之间有一个名叫鲤鱼塘池塘，始建于明朝正德六年（1511），周长500余米，面积为3400余平方米，因形态宛如一条活泼欲跃的鲤鱼而得名。明正德年间发大水，淹没了村庄，为避免洪水再次为患，祖先们决定提高整个村子的宅基地，于是一方面挖泥取土，使村宅基地高于湖面一至二米，一方面形成了美景——鲤鱼塘。清乾隆年间，村中

鲤鱼塘一景

绅士"康乾七宾"，集资捐款，用红石沿池塘修砌了石堤。"文化大革命"期间石堤遭损毁，使美景不再。万绍芬多方联络、筹集资金，与乡亲们一起群策群力，清淤泥、引活水、建石堤，围绕池塘种树种草，并在池塘前面的淤泥荒地上修建了"万芳园"，树立爱国先贤万迪公铜像和纪念碑。目前，该地已成为学生读书、村民休闲、后人缅怀先贤的好地方。

　　走在前后万村中，与村民聊天，万村最有影响的历史名人是哪一个，他们会不假思索地回答："万迪。"万迪既不是万村官位最高的人，也不是万村学问最好的人，然而他是万村最著名的抗金爱国英雄。万氏家训："莫忘先辈光荣勋业，莫忘前辈清贫道德，爱国爱乡爱家永铭志。"前后万村有着悠久的历史，古今先后产生了不少高官大儒，"爱国爱乡爱家"的理念已经融入到村民的血液之中了。

# 万绍发宅

江西省省级历史文化名村
中国传统村落

南昌县
前后万村

　　万绍发宅在南昌县三江镇前后万村，由于资料缺乏，该宅建于何年，何人所建，目前还无法搞清楚，十分遗憾。但根据古建筑学家考证，该宅属于清代早期建筑应该没有问题。前后万村处于南昌县、丰城市、进贤县、抚州临川区四县市区接壤地带，位于抚河支流的箭江、隐溪、彭港三

万绍发宅楼阁

条河的交汇口，三面环水，仅有广三公路一条陆路与外面通车，距省会南昌45公里，距南昌县政府所在地35公里。

万绍发宅是三进天井式民居，坐北朝南，平面图为标准的矩形。外观为青砖灰瓦典型的赣中传统民居，中等户型。为起防盗、防火作用，四周维护墙高出屋脊，呈封闭状，墙顶盖瓦，远看呈马头状。为了使院内有良好的通风效果，在外墙2米以上设置了石雕小窗洞。在外墙裙部以下用3—4块石头叠砌而成，然后砌眠砖墙，再为空斗砖墙。为防止洪水淹浸，人工提高村庄地面，高出湖面一至二米，宅基地又高出村庄地面一至二尺。万绍发宅是一座典型的湖滨地区赣派建筑。

该宅有三扇对外的门，在东面墙上开两扇门，一扇门开在正中，一扇门开在南面，在西墙正中开一扇门。宅门用石材为框，用木头做门。门上方有装饰的砖匾额，再上为瓦顶门罩。从东南门进入宅内，可见第一进矩形天井，四周屋檐可将雨水流进天井，天井全部用石块构建，四周有排水沟渠，可将废水排出宅外。支撑整个屋顶主要靠木质框架，柱梁间多用穿斗式方式连接，砖墙仅起维护和隔开屋子的作用。来到前厅，光线明亮，空间较大，两侧的起居室较暗，上有阁楼，供储藏杂物之用，是屋主人的起居室。太师壁两侧各有一个门与中厅连接。中厅天井建构与前堂相似，一明二暗，加两间小厢房。后厅也是一明二暗，但只有半个天井，因为天井靠北是外墙。整栋宅子通风、采光效果极好，既南北通透，又东西互流。

北京师范大学的万教授，是南昌县三江口万村人，知道不少关于万村先人经商的历史，也知道了万绍发宅里发生过的故事。

他爷爷与人合伙经营大米生意，从南昌购置大米，用船装运至湘西一带去卖，然后从湘西买药材回南昌转卖，一去一来皆有货物运载。年份好，获利很大，但是后来路上不安全了，常常货物遭抢，有时连本带利全部丢失，血本无归，不得不又从头开始，小本经营，逐渐做大。由于经商不易，所以爷爷希望从儿子之中挑选一个聪明的，去走读书做官之路，这个希望就寄托在他父亲身上。

当年他奶奶制作的萝卜腌菜非常有名。家里摆满了坛坛罐罐。做萝卜

万绍发宅内天井

腌菜非常辛苦，首先，将萝卜腌菜洗净，晾晒成半干，然后切碎，洒上盐，揉蔫，置于坛罐中，夯实，最后在菜上垫一层干稻草。需要长时间存放的，就用泥巴封口；短时间的就用沙袋塞口倒扣，腌制一周后，便可以取出食用。做萝卜腌菜关键是洗干净和坛口不能漏风。

每到当墟之日，奶奶就会带领家人，把萝卜干、萝卜腌菜运到集市出卖，现场开坛，一次性卖完，不留到第二天。

后来做萝卜腌菜卖的人也越来越多，奶奶又带着萝卜腌菜坐船去省城南昌销售。因为奶奶能干，所以一大家人度过了那个艰难岁月。

日寇侵入南昌后，奶奶不愿做亡国奴，带领全家跟着国民政府去泰和逃难，当时为了多凑一点逃难经费，只好把老家宅子廉价卖了。抗战胜利后，回到南昌，已经无力将老宅子买回来了。从此一家人就在城市漂泊。

真没有想到，万家老宅还有这么一段动人的历史。国与家紧密相连，哪一栋古建筑没有一段兴衰历史呢？国家强盛，才是人民安居乐业和谐发展的基础。

## 洪发堂

江西省国家级历史文化名村
江西省省级历史文化名村
中国传统村落

　　洪发堂，又称贾石故居，位于高安贾村，占地 316.1 平方米，属于清代建筑。据家中世代口耳相传，贾石以上家里七代人都做油漆生意，商号为"洪发堂"，故以商号为宅名。

　　贾石，原名贾守厚，在洪发堂出生，贾村长大，少年时在家乡景贤小学读书，后考入高安县立中学。在校期间，酷爱体育运动，成为学校体育

贾石故居

洪发堂横匾

尖子，这与他家生活条件和住宅环境较好有一定的因果关系。毕业后，担任景贤小学体育教员，不久转聘于笃志小学任教。贾石正直上进，好打抱不平，有强烈的爱国心。常来学校活动的中共地下党员，珠湖小学教员杨实人发现贾石是一个难得的好青年，于是积极引导他参加一些地下革命活动。受杨实人的影响和启发，贾石开始明白革命道理，逐步成长为一名革命青年，1937 年冬，经杨实人介绍，18 岁的他瞒着父母，来到南昌新四军办事处报名参军，更名贾石，从此正式成为一名革命战士。1938 年赴延安，同年加入中国共产党。在工作过程中，贾石的经济工作能力很快被上级领导发现，被长期安排在经济领域工作。解放后，又长期在国家财金和外贸部门工作，直至担任国家外贸部副部长职务，他为国家经济和外贸发展做出了突出贡献，1988 年病逝。

洪发堂是二进单体建筑。坐北朝南，南北外围墙由青砖眠砌直至顶部，非常结实。东西墙体外表粉白石灰，墙体高过屋脊，呈三跌式马头状，起到防火作用。整个墙体高度在 4 米以上，使建筑物内空间高大，便于通风防潮。在洪发堂南墙与西墙交界的 2 米以下的地方，没有墙角，在这里砌了一长方形的光滑石块，村民称这为"谦让墙"。目的是：既增加巷道宽度，显示相互谦让的礼仪，又避免墙角撞伤人。

洪发堂的屋顶覆盖灰瓦，由于烧瓦的窑温不高等原因，瓦的颜色不一致，屋面完全由木质柱梁框架支撑，采用抬梁与穿斗结合形式。

洪发堂大门开在南墙的正中，门框由麻石建造，门扇由木头制成，是双开一字门。门框下有一个实用的方形小洞，便于饲养的鸡鸭进出。在门楣上方建造了三个门罩，中间高，两边低，像明清时期的官帽，象征升官之意。南墙大门两侧上还设置了两个石质透风窗，两边厢房还隔开一个木条窗户。

走进洪发堂大门是第一进，为前堂，两侧有厢房。天井上面为四围屋檐组成的矩形，下面铺砌大石，天井四周是过道，经过道来到明堂，明堂大，两边起居室小，明堂上面嵌放一块"洪发堂"木匾，下面为太师壁，太师壁前放供桌，这里是家庭祭祀、商议各项活动的主要空间。两侧的起居室是主人卧室，上有阁楼，可堆放杂物。太师壁两侧开门与第二进相连。第一进特点是公共空间大，房间小。

第二进天井略小，天井下铺砌大石，四周有过道，过道两侧有厢房。后侧板壁是活动的，上方悬挂一块"外贸赤子"木匾，以歌颂贾石的生平功绩。最后是后堂，后堂墙上开门与外相通，整栋房子通风状况极好，采光效果略差。

洪发堂特点是：结构科学、实用，装饰简单、朴素。充分体现了吃过苦，创过业的商人智慧。贾石的曾祖父在四川经商，晚年回村建造这栋房子，同时贾石祖父贾代发继续留在四川经商，以攒取家里建房开销。可见贾石家七代经商，直至第五代才开始发家，其曾祖父深知创业不易。精明的老人认为，房子是百年大业，一定要建造得科学合理，才能保证子孙后代身体不受伤害，因此，该花的钱一分不少；房屋装修是一个无底洞，不必跟风攀比，需适可而止。睹物思人，可想而知，这是一位久经历练，极有智慧的老人。

贾石的经贸能力与他出生于商人世家有一定的关系。他自小听父辈们商谈生意，决策投资，耳濡目染，懂得一些经贸规律，这是自然的事情。在革命队伍里，经贸人才极度缺乏，加上贾石积极好学，工作认真，很快成长为党和国家重要经济领导干部，这也是必然的事情。

贾石成为高级领导干部后，与老家亲戚有一些联系，这是人之常情，但是在交往的过程中，他保持了一个老革命家的本色。

贾石故居内匾额

20 世纪 80 年代初，他弟媳想请他在国外买一台彩电，他婉言拒绝，说在国外购物会用掉国家外汇，不能这样做。1983 年，他侄子在沈阳黄金学院毕业，想请他帮忙安排到北京工作，他却劝侄子要志向远大，服从国家分配，到祖国最需要的地方去。

20 世纪 80 年代，晚年的贾石十分思念家乡，曾几次短暂来家乡探望。当他见到乡亲们时，十分亲热，还能用家乡话与人交流；当看到村中老房子时，十分欣喜，将在这里发生过的，人们闻所未闻的故事，一一道来，如数家珍。贾石还提醒大家说，村中的古建筑是宝贝，要好好保护，今后一定会大放光彩。这句话尽管没有引起众人的注意，但却深深影响了贾克玖。

贾克玖，男，贾村人，1968 年入伍，1972 年加入中国共产党。1973 年退伍返乡，贾石回村探亲时，他担任村治保主任，贾石关于村中古建筑的观点，引起了他的重视，1989 年 8 月他担任景贤村党支部书记后，组织人员对村中古建筑进行调查、登记、报告，撰写修复保护规划，争取上级部门支持，为贾家古村规划、修复和开发作出了巨大的贡献。2010 年，贾克玖同志因病逝世，他的事迹被编演成高安采茶戏《玖爷和他的贾家村》，广为人知。

栅篱屋

江西省省级传统村落

宜丰县
下屋村

栅篱屋，又称熊雄故居，在宜丰县芳溪镇下屋村，总建筑面积864平方米。栅篱屋在村中不算大型建筑，只能算是一座普通富裕农民的民居，是在清代道光年间熊雄高祖父手里建造的。

熊雄是国民党军队中左派代表人物，在第一次国共合作期间，先后任黄埔军校政治部副主任、代主任、主任。由于蒋介石经常不在校内，熊雄

熊雄故居全貌

熊雄故居大厅

在黄埔军校承担了大量的领导工作，对学生影响很大。由于熊雄不同意蒋
介石反共反人民的主张，秘密参加了中国共产党，并且成为中共早期从事
军队政治工作的杰出领导人。熊雄介绍他的七弟和大哥的儿子来读黄埔军
校，通过培养，他们俩都参加了共产党。在他的努力下，不少黄埔军校的
学生先后参加了共产党。（1927 年，熊雄被捕后）国民党老右派吴稚辉
告诫蒋介石说："熊雄是唯一能与你争夺黄埔军人的人。留他亡你，有你
无他。"蒋介石害怕熊雄夺他的军权，于是下令，秘密将熊雄杀害。

　　栅篱屋平面图呈南北长，东西宽的矩形。屋顶在中间，南北两面向下
呈坡状。屋顶上覆盖阴阳瓦，瓦呈青灰色。屋顶由木质框架支撑，框架结
构主要采用穿斗式方法连接。四面外墙由青砖砌筑，1 米 5 以下采用眠砌
法，以上采用眠、斗结合的砌法。外墙近屋檐处，有 30 厘米宽的白色粉墙。
东西两面墙高过屋顶，呈三叠式马头状，这是防止邻屋失火，隔断火势蔓
延的封火墙。

　　栅篱屋坐北朝南，正南面设计了门斗，呈"八"字形，谐音"发"，
屋主人建这样的门斗是希望能发家致富。门斗上方的横梁粗硕，跨度大。
在北面开了两扇小门，可使整个屋子南北通透。进入屋内，需上三层石质

台阶，跨过门槛才能进入屋内。屋内地面明显高过屋外地面，保证了洪水不会进入屋内。大门既安装了门栏，俗称半门子，又安装了大门。这种双门设置是江西山区民居显著特色。如把门栏关着，把木门打开，在厅堂工作和生活，既通风，又有阳光射入；既把禽畜拦阻在室外，又可防止野兽侵害。晚上把门栏、木门都关上，睡觉则更安全，因为无论把门栏还是把木门弄开，都会发出声音，这会给屋内睡觉的人更多准备时间。在南面大门上方，屋檐下面开设了一个矩形窗洞，又称"天眼"。

栅篱屋南面正厅前没有天井，仅在北面后厅与两边后厢房之间各设一个小天井，为了解决正厅和前厢房采光通风问题，设南北"天眼"。这个"天眼"既解决了通风采光问题，又避免了雨水飘入正厅，解决了室内潮湿问题。这种开天眼的设计，在宜丰县少见，在吉安地区则常见，但又与吉安民居不完全相同，可见屋主人具有创新意识。

栅篱屋，建筑材料全部就地取材。厅堂大，厢房小；前厅大，后厅小；主屋共有二厅四房，房与房之间，用木质材料隔开，装饰简单，通风纳阳效果良好，房间干而不潮，保证了在此长期居住的人健康生长环境。

熊雄，1892年出生，其父是一个以务农为主，兼做纸业的农民，由于受多子多福传统文化影响，他生有七个儿子，熊雄排行老四；由于受读书做官文化影响，他自办号称"培兰书室"家庭私塾，邀请能文能武的先生管教儿子，不仅让儿子们学文化，还要他们学武术；由于受经济条件的限制，只能挑选最聪明的儿子读书，其次的经商，再次的务农。熊雄自小聪明好学，读书最好，于是被看作是家庭的希望，集中财力供他读书。本打算让儿子走科举道路，可是天有不测风云，朝廷废科举，兴学堂，使一个传统农民读书做官的梦想破灭了。由于熊雄志向远大，同情革命，为了笼住儿子的心，作为父亲，他强行给熊雄包办了一桩婚姻，将一个从未谋面的邻村女子娶回家来。据说熊雄婚后三天就去省城上新学堂，此后很少回家。

熊雄虽然被害了，但他的影响却是长久的。在国民党黑暗统治时期，经常有一些兵痞来芳溪镇下屋村骚扰抢劫，村民厌烦至极。有一次，村民发现又有国民党军队进村了，于是有村民对当兵的说："我们村是黄埔军校教官熊雄的老家，你们如果乱来，我们就去告你们的长官。"果真没有

名人题词

人敢抢东西了，后来才知道，这支军队的团长是黄埔军校毕业的，士兵害怕告状。熊雄的威名把他们给镇住了。

土地革命战争时期，芳溪镇下屋村也曾驻扎过红军的队伍，当听说熊雄的老家在这里，红军首长还慰问过熊雄家人。并告诉村民不用害怕，红军是农民的队伍，后来村中有不少青年跟着红军的队伍走了。

解放后，熊雄家人先后得到了党和政府的关照，熊雄的七弟和一个侄子被推荐成为江西省政府参事。现今在熊雄故居建立了熊雄纪念馆，人们在这里能够真正了解烈士的事迹，看到许多党和国家领导人给熊雄的题词，如，周恩来总理曾指示："宣传黄埔，要宣传熊雄。"聂荣臻元帅题词："熊雄烈士永远活在我们心中。"还有全国人大副委员长许德珩为故居匾额写的"熊雄故居"四个遒劲有力的大字。黄埔军校走出来的一批革命前辈，都深深怀念着熊雄同志。

御史第

分宜县 介桥村

御史第位于介桥村北部，是一栋一进半建筑。西南面与毓庆堂相邻，东面紧靠大夫第，后隔1米左右的横巷与久大堂相依。御史第兴建于光绪晚期，是四房二十四世鼎元公所建，其子星白公续建了院门。因其祖上十九世开昶公，中进士后曾任浙江道监察御史，为炫耀显赫家世，激励后

御史第门头

御史第严寅旭匾额

代立志读书做官，故题宅名为"御史第"。

御史第朝向是坐南朝北，屋前有不规则的小院。院门朝西北，与相距约百米的光裕堂门遥相对应。院门呈内凹"八"字形，既有谦让之意，又有谐音"发"家之意，这是清末民初江西传统宅院门的特色。拾五级台阶而上，来到院门。门通高5米，两边墙体各砌有二级砖垛，又具有西式院门特点。门楣正中内凹形成一长方形平面，上书"御史第"三个大字。院墙脚有"腰（玉）带水"往东南流过。

来到院子，见厅前有门斗，门楣上有一长方形彩绘框，框内用墨彩书写"桂馨一山"。四周均是砖墙，东西墙栋上砌有二级垛子。厅堂南北长21米，东西宽12米。厅内柱梁为木质结构，隔墙为木板，上面为木板平顶。上下厅之间有一天井，厅地铺方砖，房地铺墙砖。御史第的正房、厢房和下房区别不明显，门都开在同一条线上，都是同一个朝向。太师壁两侧各开一小门。穿过太师壁，来到后堂，堂上挂一横匾，上书"光大堂"，下置神龛。后堂外有一个半天井，整栋建筑采光、通风效果良好。御史第建有阁楼，可以存放粮食和杂物，也便于在潮湿季节居住，避免患风湿病。

御史第实际上是介桥村一栋普通小型民居建筑，既具有传统建筑特色，又具有西洋建筑的一些特点，这是清末民初西学东渐在民居建筑上的反映。题"御史第"宅名，其依据是祖上确有人做过御史，目的是希望自己的子孙走读书做官的道路。

严寅旭，介桥村人，据文献记载，他"通经贯史，援笔为文，千言立就。……宣统己酉选优贡生，名冠全省，朝考一等。授陆军部七品京官"。民国以后，科举道路走不通，因他学问精深，"充江西省立第八中学校长。为诸生讲授经史百家之学，在职七年，成就甚众"。后因军阀混战，民不聊生，教育难以为继，学问无成，终为憾事，一个平民家庭培养出来的社会精英陨落了。

严会元，1889年出生，为窳长子，略通文墨，在家一边耕田，一边

"桂馨一山"區

御史第后堂

做私塾先生。1930 年红军占领县城和介桥村近一个月，介桥村成立了苏维埃（农会），严会元当选为主席。红军撤离后，国民党当局重新执政，到处缉捕曾在苏维埃政权任职的骨干。严会元为保护其他成员，机智地将名单和机密文件藏匿于自家鸡笼里，自己慨然赴义。会元公被捕次日就被国民党当局杀害于老县城的河滩上，时年 42 岁。建国后，人民政府追认严会元为革命烈士。一个生活在社会底层的文化人，对革命真理更加追求，对革命理想更加坚定。

严学宭，号子君，寅旭公次子。我国著名语言学家，1910 年出生于介桥村，1992 年逝世于武汉。1934 年毕业于武汉大学中文系，同年秋考入北京大学研究院文科研究所。1937 年硕士毕业，先后在中正、中山大学任讲师、副教授、教授。建国后曾任中南民族学院教授、副院长，中南军政委员会民族事务委员会委员和民族研究室主任、华中师范大学中文系主任、华中理工大学中国语言研究所所长、中国语言学会副会长、中国音韵学研究会会长、中国民族语言学会常务理事、全国民族院校双语教学研究会名誉理事长、湖北省政协常委、湖北省语言学会理事长，《语言研究》杂志主编，《汉语大字典》副主编，《中国大百科全书·民族》卷编委等。严学宭的学术活动主要在建国后，他撰写了 300 余万字的学术论文和专著，在汉语音韵、训诂、文字、方言、辞书编纂，少数民族语言和汉藏语言比较诸领域，都有精深研究和杰出贡献。领导了对南方苗、瑶、黎族和湘西土家族的语言和社会情况的调研，主持了黎文创制工作，为土家族民族成分的识别提供了科学依据。同时，大力提倡少数民族双语教学，为中国对比语言学的创立作出了重要贡献。1980 年，主持筹备召开了中国语言学会和中国音韵学研究会成立暨首届学术讨论会。主持筹办成立了华中理工大学中国语言研究所，创办了语言学刊物《语言研究》，为中国语言学事业的发展作出了突出贡献。曾赴日本、联合国、欧洲讲学，传播中国语言。严学宭毕生从教，为国家培养了大批语言学人才，在主持中国音韵学会工作期间，先后举办了五次汉语音韵学研究班，为全国高校和科研机构培养了一大批音韵学科研人员。

# 老大夫第

江西省省级历史文化名村
中国传统村落

分宜县
介桥村

老大夫第位于介桥村村北，坐南朝北，前为小坪场，后是洪秀（五房）私宅，宅后隔横巷与八家厅为邻，西与御史第接墙，前进为华光巷及巷北出口，天井东侧墙有门通华光巷，后进东墙紧挨华光庙。

老大夫第为二十二世五房的严思院所建，主要给他的父亲及家人居住。关于严思院的资料在家谱资料中很少，只知道他曾在清代同治时期担任过直隶州州同，州同是佐助官，秩从六品。在介桥历代科举考试，获取功名

老大夫第大门

老大夫第外观

老大夫第房屋结构

　　的人员中不见他的材料，可见他的官不是科举考试得来的。经过调查，发现通过科举考试获得官员的人是少数，介桥村更多的读书人是走幕僚道路，多数人一辈子做小师爷，思院就是从师爷里熬出来的佼佼者。

　　建筑物南北长 15.6 米，东西宽 6.85 米。砖木结构，四周为砖墙，内为木质框架，内部使用板墙与篾墙隔成厅房。两进两厅（厅即房）。上下进之间有一口天井，地铺墙砖，西侧有拱形门洞与御史第相通。

　　两厅前各开一厅门，宽 1.2 迷。门前有五级台阶，台阶下有拱形涵道，从御史第东流的"腰带水"穿涵而过。雨水再大也不容易淹到屋内来。10多年前由五房后裔居住，现为存放杂物的房间。前进厅尚好，后进厅屋梁几乎全部坍塌，只剩残墙。

　　老大夫第建造时间约在同治时期，距今约 160 年。是思院刚开始做幕僚时所建，财力不雄厚。该屋只能算是普通的民宅，谈不上是官家豪宅。该宅明堂大，厢房小，实用；房与房之间，用木板和泥蔑墙隔开，节俭，可以说整栋房子装饰简单，但是通风纳阳效果良好，房间干爽而不潮湿，具备了良好的居住条件。严秉济长期在这里生活，所以他能够活到 100 岁。严思院做幕僚 20 年后，觉得有钱有势了，于是在村里建造了两座大的建筑物，一座是"百岁坊"，一座是"大夫第"。

　　光绪初年，严思院耗巨资建造的"百岁坊"，坐落在村东南新兴庄路上。坊高约三丈，用砖达 20 万块。横墙上三层，最上层有一长方形凹框，内书"升平人瑞"四个大字，中间层也有长条形凹框，书有"旌表诰封奉直大夫严秉济百岁坊"字样。横墙用白灰粉刷，并绘有花鸟图案，远看壮观气派。严秉济是严思院的父亲，在他百岁寿辰的时候，严思院建造"百岁坊"，作为礼物送给父亲。"百岁坊"既不可住，也不可穿，对老人一点用处也没有，但是，"百岁坊"建造起来后，既可彰显财力，宣传孝心，又可显示自己与朝廷关系密切。

与此同时，严思院还建造了一栋豪宅，取名为"敦厚堂"。由于严思院晚年长期在这里居住，后来村民习惯称它为"大夫第"，而将严思院父亲居住的老宅称为"老大夫第"，以示区别。

大夫第位于村东北，坐南朝北，一厅两间，上下二进，南北长21米，东西宽11米，四周砖墙，厅内砖墙隔成厅与厢房。西与文芳屋挨墙，东有直巷通柳树厅，南隔巷是仁丰宅屋。前为小院，院进深六米，院门偏西侧开，有曲巷通华光巷，院的西侧与文芳屋檐形成走廊通华光巷。

厅门宽1.7米，内缩85厘米，形成轩廊。厅门高3.36米，门方上高1.7米，装有倒木板，门楣上有长方形凹框，书"大夫第"三个古朴大字，框周绘有花卉与鹿。

厅宽3.9米，下厅长7.7米，上厅长8.3米，上下进中间有口天井。上下进与天井两侧形成挽廊（过道），东西过道各有拱门通外。下厢房前对下厅开门，后对过道开门；上厢房后对上厅开门，前对过道开门。前厢和后厢南北墙开有方窗，且造型精美，厅房上均铺有楼板。

老大夫第石础

大夫第下厅于1949年五月初六被江西省保安十二团纵火烧毁，下进西厢房于二三十年前被烧。下进东厢房及上进厅房保存尚可，现空置。

从经济上看，严思院是成功的；他一人建造了三座建筑物，这在介桥村是少见的；从品位上看，严思院已经达到六品了，比县令还高。从介桥村留下来的文字材料来看，

老大夫第内景之一

进士匾额

告老还乡的官员，多数人会给村里的祠堂、书院和试馆捐钱，鼓励后学，严思院也不遗余力。

清代后期，族人先后在村开办了三家书院，分别是二房祠堂东南不远的坊门书院、门楼下南面的对门书院和屋中间的南楼书院。族内还设了助学机构文昌会，且有会田，文昌会办公在文昌官，即坊门书院西边。村里的孩子不论贫富，只要愿意都可以免费上学。

自明嘉靖中期开始，介桥村陆续在县、府、省和京城设有试馆，供族子考功名时吃住，故名试馆。老县城的试馆是嵩公出资建办，位于官巷口，称方伯试馆，又叫严家祠。宜春府城有三家试馆，分别是长房在沙子巷建的重兴试馆，二房在北门卢洲建的试馆，五房在东门大街上建有试馆。南昌设有方伯试馆，坐落在东湖边上。在北京西长安街附近，介桥与奉新等县共同拥有一试馆。

习
先
似
宅

永和镇 吉安县

江西省国家级历史文化名镇
江西省省级历史文化名镇

习先似宅坐落于吉安县永和镇林家芫村，该村东临赣江，面向永和镇小盆地。是一个世代务农的村庄。

习先似宅是晚清建筑，建筑面积 100 平方米左右，坐北朝南，南面和北面的墙是用石灰将水洗青砖砌起来的墙，东西两面是用黄泥将鹅卵石砌起来的，外表用石灰粉刷的墙。站在南北方向看，是青砖灰瓦，像

习先似宅水洗青砖墙

习先似宅正门

江西其他地区常见的天井式建筑；站在东西方向看，是白墙灰瓦，高低
跌落的马头墙，像徽派建筑。实际上，习先似宅既不是天井建筑，也不
是徽派建筑，而是吉安地区特有的天井院建筑。白色的马头墙，由于岁
月的风化，有一些发黑，给人一种世事沧桑感。在西墙搭建了一间陪屋，
用作厨房猪圈之用。

　　走进习先似宅，可以发现在南面大门前，原有一个用匣钵残片铺成的
小院，由于长时间没有人居住，上面长满了草。永和镇家家户户的院子都
是用匣钵残片铺就的，这成为当地建筑的一大特色。因为宋元时期的吉州
窑就在当地，废弃物堆得像山一样，有 24 座，不用花钱买，就可以将匣
钵残片取回来，将匣钵铺地有两个优点，一是经久耐用，二是沥水快，下
雨天在院子里走不湿脚。

　　在该宅南墙正中开了一扇木质大门，门楣以上的墙上开了一个天窗。如果关闭大门，天窗可以射入光线，又有里外透气的效果。这个天窗实际上取代了天井纳阳、通风的作用，又避免了室内天井潮湿、阴暗的缺点。进入宅内，看见一明二暗三间的空间结构，即厅堂是明间，两边厢房是暗间，厅堂大，厢房小，两边厢房南墙上各有一个对外窗户，厢房上设置低矮阁楼，用于堆放杂物。厅堂内的太师壁用木板制成，太师壁两侧设置小门与后堂相通。前厅是家庭主要活动空间。太师壁后是后堂，两边是后房，后堂最北是墙，在北墙东边开一个小门，又称北门。由于北门矮小，造成后堂光线不好。整栋房子没有天井，只有天窗；没有潮湿感，只有干爽感。

　　习先似宅厅堂屋顶安装了两块明瓦，白天厅堂光线良好，可见当时兴建该宅时，主人信息灵通，懂得运用新材料使住宅纳阳效果更好的道理。

　　习先似，1915 年出生，读过几年私塾，少年时代永和镇曾一度是红区，他对红色文化有所了解。解放前，习先似在当地是一位名人，村民发生纠纷，需要给外地亲人写信，都来找他，他也很乐意调解、帮忙。有时为了息事宁人，他自己暗中贴钱，化解矛盾。因为常做善事，时间久了，他的声誉很好。

　　习先似有几亩水田，自己耕种，房子一栋，居住宽绰，比同村人的生活水平高出许多。他除了自己耕种以外，还有一项更重要的收入来源，即帮人估产，收受佣金。方圆几十里，凡是要出卖山上竹子、树木的人都要来找他。他不仅估产准确，而且讲信用，不坑人。

　　农村集体化之后，习先似帮人估产收受佣金的工作没有了。由于他有一点文化，生产队会计让他兼做，又由于他不幸中年丧妻，一个人带着几个未成年的儿女生活，其生活艰难程度可想而知。

　　习先似对老宅的维护特别上心，他对老宅观察仔细，时不时爬上屋顶捡个漏，或者用石灰把墙补一下。他常说："墙是泥砌的，不糊石灰，雨水一淋就垮。"

习先似宅黄泥鹅卵石粉墙

习先似宅外观

他大儿子习哲桂小学毕业后，看见父亲辛苦，想辍学回家攒工分，却遭到他一顿痛骂。他告诫说："我之所以能当生产队会计，就是因为我有一点文化。你不读书，将来拿什么安身立命？"

20世纪60年代初，因为富裕中农成分，习哲桂不能参加高考，只能回家务农。改革开放后，家庭联产承包责任制实行以来，习哲桂有更大的发挥空间，他很快成为村里先富裕起来的人，他在村里最早建新房，把老宅给弟弟，条件是要维护好。在全村人都在为攒钱忙碌的时候，习哲桂却接受村小学聘请，担任小学教师。他把主要精力放在孩子的教育上。他常挂在嘴边的一句话："读书苦的是现在，赢的是未来。"为了儿子读书，他不惜花钱，送儿子去县中读书；不惜花时间，陪儿子参加高考。他有两个儿子，一个南京邮电大学硕士毕业，在北京工作；一个北京大学博士毕业，在省城一所大学工作。

恢烈公祠

江西省国家级历史文化名村
江西省省级历史文化名村
中国传统村落

赣州市
赣县区
白鹭村

　　恢烈公宅，又称"恢烈公祠"，位于赣县白鹭乡白鹭村，该村人口以钟氏家族成员为主，系唐代名臣钟绍京后裔。据《钟氏族谱》记载，其祖上自南宋初年迁居于此。

　　恢烈公宅建造主人为钟愈昌，据《钟氏族谱》记载，为清乾隆年间人物，其妾姓王，后人称之为王太夫人，两人皆是白鹭村历史上的名人。育有三子，长子钟崇偘为优贡生，曾任清江县训导。幼子钟崇俨为附贡生出身，嘉庆十九年至二十四年任嘉兴府知府五年，之后回乡长期隐居。钟愈昌将这座大宅建成由三组天井式住宅串联组成的连体建筑。第一组称葆中堂，由幼子钟崇俨继承；第二组称友益堂，由次子钟崇僎继承；最后一组由长子钟崇偘继承，于清咸丰年间被太平军石达开残部炸毁。葆中堂、友益堂两组至今保存良好，2006 年列为江西省文物保护单位。

　　整个建筑坐北朝南，轴线偏东约 30°，总占地面积约 3100 平方米。平面大体呈纵向长方形，地势前低后高，葆中堂、友益堂前后依次排列，其西侧建有跨院附房。

　　葆中堂前有一大庭院，面积超过 300 平方米，入口偏西，不在主轴线上。院子中靠南墙立有六通功名石。住宅为明三暗七开间，围绕一个狭长横向天井布置，前有门厅，后为正厅，均为三开间，两侧不设厢房，而是设墙将天井打断，墙外又设小天井。正厅后又设一狭长半天井，面对照壁，实为与友益堂之间的隔墙。

友益堂出入口在东侧，形制较葆中堂更为复杂。大门内设门厅，过门厅为一大型半天井，背靠照壁，即与葆中堂之间的隔墙。主宅不对称，共六开间，中部为三开间主体，明间为正厅，做成假三间，大阑额长度超过7米。东侧有一开间的附房，有独立的小天井。西侧另有两组两开间厢房，各设一处独立的小天井。

梁架为抬梁穿斗式和穿斗式两种，明间为抬梁穿斗式，次梢间为穿斗式，为五架梁加前后廊的结构形式。山墙均承檩。木结构用料均不大，柱径不超过240毫米，大阑额断面高度亦不超过340毫米。墙体青砖砌筑，砌法为顺砌，下部眠砌，上部砌法为两眠一侧立，如同现在的18墙砌法。

整座建筑群装修精细，友益堂因保存更好，尤为好辨。门楼花团锦簇、富丽堂皇，以红漆、木雕、彩绘为装饰形式，以花卉、瑞鸟为装饰内容，喜庆吉祥。花格门窗式样繁多，有直棂、方格、斜格、长格、万字纹、冰裂纹、拐子平棂和什锦纹等，而花格内侧镶云母片则是其突出的特点。

恢烈公祠院门

恢烈公祠第二栋大门内牌匾"肯构光前"　恢烈公祠第二栋内汉白玉石墩　恢烈公祠第二栋内与故宫地砖一模一样的金砖

　　恢烈公祠名为祠，实际上是祠宅合一的建筑，以居住功能为主的大型民居群。钟愈昌和王太夫人不仅信佛，还是具有浓重客家文化传统的人。在白鹿村，祖先崇拜佛教至今仍在人们的日常生活中占据着十分重要的位置。普通人家每月初一、十五都要在家中烧香敬神。一般家庭将祖先牌位供奉在客厅的供桌上。信仰浓重的家庭除了祖先神位之外，还要设神灵的神位。家庭供奉神灵最多的是观音和财神，神灵和祖先供奉在同一张供桌上。

　　钟愈昌及其后人十分重视教育。他们出钱办私塾，延聘有名望的先生任教，不仅本房人才辈出，还促使白鹭村族人都重视教育。在废除科举制之后，他们又积极创办新学，其创办新学时间之早，数量之多在赣南农村名列前茅。据《钟氏族谱》记载，白鹭村钟氏有6大房，每房都制定了族规房规，对入学和取得功名的族人进行奖励，对入仕者能够得到祠堂每年定期的补助，使得家人衣食无忧。一直到民国年间，白鹭钟氏仍实施教育奖励政策，对当时考取小学的人，大祠堂代缴学杂费；对进入中学者，祠堂每学年补助800斤稻谷；如果考取了大学，祠堂则对学生每学年补助1000斤稻谷。同时，分房祠堂还会进行补助。除以宗族或宗族分支为单位支持教育之外，也有不少个人对教育进行资助。

王太夫人祠

王太夫人祠

赣州市
赣县区
白鹭村

江西省国家级历史文化名村
江西省省级历史文化名村
中国传统村落

王太夫人祠

在江西有一座祭祀女性的祠堂，这就是坐落在赣县白鹭村的"王太夫人祠"。祭祀的就是钟愈昌的小妾王氏。

王太夫人祠最早的名字叫"葆中义仓"，建于清道光四年（1824年），前后二进建筑物，前天井宽大，后天井狭小，厢房上有阁楼，2006年被列为省级文物保护单位。王太夫人祠最初是用来储藏谷物和办义学的建筑，楼上用来储藏谷物，楼下用来办义学。遇有青黄不接的时候，王太夫人就会打开义仓，不计租息平赊谷物给村民，让他们度过难关。如果灾荒年份，王太夫人就会在这里摆放大铁锅熬粥，发放给灾民充饥，"葆中义仓"也就成为解难济贫的场所。义学专门招收赤贫子弟，穷人家的孩子愿读书者到这里来念书，免除一切学杂费，每天中午还提供一顿免费午餐，每年还发给学子们两套衣服。直到今天还有不少老人能说这样一句顺口溜："白鹭村没有饿死的叫花子，没有上不起学的细伢子，没有无棺材的老头子。"这都是为称赞王太夫人而编的顺口溜。可见，王太夫人确实享有贤淑聪慧、乐善好施的名声，长期被当地百姓传颂，从而将她活动、生活过的建筑升格为祠堂，让她永享百姓纪念和奉祀。

据传在建造这座建筑物时，王太夫人还留下了一个成人之美的佳话。赣县白鹭村钟家与大余县官宦家族戴家有着数十年交往，保持长期联姻关系。当年钟愈昌和王氏夫妇在建造该屋时，戴家的长者戴第元前来做客参观。适逢做"正栋"之梁，木匠见一妙龄少女（王太夫人丫环）匆匆跨过木匠使用的墨斗线，按照传统男尊女卑的规矩，这是不可以的，于是木匠对这位少女厉声呵斥。那少女却从容地反驳说："师傅缘何发火？墨斗线有何不能跨？做官做员之人不也是从女人胯下出来的吗？"一句话说得木匠无言以对。戴第元见少女如此聪明伶俐，心生好感，忙问身旁的钟愈昌夫妇："此系何人？"机智的王太夫人抢先回答说："小女也。"戴第元当即向钟家提亲，要娶此女为侄媳。后来王太夫人果真把丫环认作干女儿嫁给了戴家。从这件小事，可以看出王太夫人是乐意成人之美的。

王太夫人喜爱养猫，这不仅是爱好，而是对付老鼠的一个好办法。葆中义仓楼上储藏粮食，解决了潮湿问题。为了防止老鼠偷吃谷物，王太夫人想出了一个绝妙的办法，白天葆中义仓内的孩子们读书声可以吓走老鼠，晚上猫儿在谷仓周围活动，吓得老鼠不敢来。据说在葆中义仓内王太夫人还安放了一个捕鼠的大缸，缸上放着两根细小竹篾，竹篾上放一张纸，纸上撒一些米饭。夜深人静之后，胆大的老鼠爬上缸来偷吃。一只老鼠吃到了米饭，引来更多的老鼠争食，竹篾承受不了重量，所有在纸上的老鼠都掉进了深缸之中，爬不出来。第二天一早，就可以将缸中的老鼠全部消灭掉。

王太夫人育有三子，皆获得秀才以上的功名，特别是第三子钟崇俨，志向远大，后官至浙江嘉兴府知府。据史料记载，他在任上，为官清廉，不惧豪强势力，为民伸冤。离任还乡后，将嘉兴府昆腔戏班引来白鹭村，后来这支戏班在钟崇俨、其小妾平氏夫人及儿子钟谷的精心培育下，发展成为"赣州第一剧种"——东河戏。

王太夫人之孙，钟崇俨之子钟谷也是白鹭村重要的历史人物。他自小聪慧，5岁读书，10岁念完五经，诗文俱佳，还擅长书法，古祠门上的"王

王太夫人祠回廊

太夫人祠"五字，即其所书，观者无不叫绝。钟谷在外为官几十年，有廉官能吏之名。告老还乡后，他在家乡力行善事，修桥筑路，兴建赣南钟氏总祠，对贫苦家庭，施钱施粮，甚至"施菜饵"。他继承了王太夫人兴学重教的传统，敦促村中所有族人将学龄儿童送来义学读书，还不顾家境每况愈下的状况，竭力维系"葆中义仓"运行。后经过他努力，创办了白鹭小学，为赣县最早的私立学校，被载入县志。民国八年，钟谷与世长辞，白鹭村一片悲泣。村中有一副对联，概括了钟谷一生："为官则体恤民情，造福一方；卸官则与民同乐，力行善事。"

燕翼围屋
龙南县
杨村
中国传统村落

燕翼围屋位于龙南县杨村圩，是客家人赖氏家族所建。燕翼围屋在杨村的西北高冈上，从村子远望，它像一座巨大的碉堡，庇护着赖氏家族的安全。

明末清初，赣南屡遭兵燹，民不聊生。例如清同治《安远县志·武事》记载说："（明崇祯）十五年，阎王总贼起，明年入县境，攻破诸围、寨，焚杀劫掠地方惨甚。"这里的"围"就是指"围屋"，村民为了生存不得不想办法自救，围屋就是自救的办法之一。不仅兵燹，还有新老客家人的械斗，也是兴建围屋的原因之一。赖福之是由广东返回到龙南来的新客家人，这里原来的土著客家人的生存空间受到影响，械斗不止，此时的政府控制地方的能力较弱，民间械斗只能依靠自己的力量来解决，这也是围屋大量兴建的原因之一。

据《桃川赖氏八修族谱》记载，清顺治七年（1650），杨村富户赖福之开始修建此屋，至清康熙十六年（1677），其长子赖从林将屋建成，历时约 27 年。此后一直由赖氏后裔使用。2001 年列为全国重点文物保护单位。

围屋坐西南面东北，长约 45 米，宽约 36 米，高约 14.3 米。建筑面积约 4000 平方米。平面呈长方形，对角四边设炮楼。内部为一圈高 4 层的围楼，围绕一个约 300 平方米的空坪。每层 34 间房，共 136 间，第一层为厨房、餐厅和储藏间等，第二、三层为卧室和粮食仓库，第四层为守

燕翼围外墙

备楼。每层均设回环相通的走廊，二、三层为内走廊，朝向内院；四层为外走廊，朝向外墙，以便作战。围屋结构均为山墙承檩。过道、回廊、门窗、楼梯等多变而又统一，疏密有致，便于守备。

　　燕翼围屋为突出防御功能。围屋仅设一个对外的门洞，朝向东北方向。可这个门洞却安装了三道门，外门是高大的铁门，在铁门上设置了灌水机关，一旦有战事，它具有防备敌人火烧大门的功能。中门是闸门，只要把绳一砍它就吊下来把门封住，内门是木门，只要围门一关，外人休想进来。燕翼围屋外墙高大厚实，人称"金包银"墙体，即内侧平均为1米左右厚的三合土墙，外侧为下层包砌条石墙，上层外侧包砌青砖墙。墙体下层厚度达到2米，逐渐上敛，总厚度达1.5米左右。墙身上部密布射击孔，数量达58个。东南西北四座炮阁交相呼应，可形成无射击死角的火力网。楼上有米仓，楼下有厨房。墙根离地约1尺多高处，有一喇叭形漏斗，是排走的阴沟。大门附近的墙跟还设有传声道，在战争时谈判使用。

内院设二口暗井，一是水井，便于饮用。二是旱井，在里面隐藏万余斤木炭和薯粉，木炭即是干燥剂，又是燃料，薯粉经久耐放，这两项东西都是本地土产，战时实用。旱井内设置了暗道，秘密通向围屋外面，平时封闭，危机时才启用自救，可见客家人生存智慧过人。

燕翼围屋作为长期居住的房子是不合适的。因为围屋的底层通风、采光效果不好，长期居住在这样的屋子里是会生病的。屋子与屋子之间都是由木板隔开的，隔音效果不好，户与户之间几乎没有隐私。整个围屋对外仅有一个排污水的小阴沟，人们在这样的环境下生活只能是暂时的，仅仅能维持战时的生存，而不能开展正常的生产和生活。

清道光年间，时任赣州知府的周玉涵慕名来到杨圩村，观赏赖氏围屋。他在围屋顶层赏月观霞，忆旧探典，并欣然为围屋题写了新名——"燕翼围"。可想而知周玉涵把客家围屋当作政权的一种辅助力量加以认可，而没有把围屋当作鞭策政府改进工作的一种警示。

燕翼围屋防御功能突出，生活功能不齐全，达不到"打起仗来是碉堡，

燕翼围屋内景

放下土炮是家寮"的状态。赖氏家族难以在燕翼围屋里长期生活，只能把它当作战时庇护和守备的场所，而没有把它当作居家过日子的家来对待，因此，平时燕翼围屋是闲置的。

在赣南围屋发展史上，燕翼围屋属于早期的围屋，围内院全为空坪，所有的房间都是战备房间，没有主次之分，还没有把防御功能与生活功能结合起来，目前我们看见的围内两排单层房屋是在建围 262 年之后的 1939 年才建起来的，不是原来的建筑物了。

平时，杨圩赖氏日常生活还是居住在各自的平房里，从事着各自的生计。燕翼围屋只是一种威慑力量，它维护着杨圩赖氏和平生活。杨圩老人说："我们祖上不是要做地方恶霸，才建围屋的，恶霸不需要建围屋，他们是要对外扩张的。我们祖上建围屋是想要保护自己家族，让小股土匪不敢来，大股土匪来了我们有一个藏身之所，有一个等待官军来救援的时间。"

杨圩老人的话使后人明白，燕翼围屋的兴建，是在明清换代的特定年代，在民不聊生的状态下，奋起自救的典型建筑；是客家人家族团结，生死与共的产物；是穷人出力，富人出钱，集体智慧和财富的体现。

# 附 录

江西省级援建村史馆名单

（截至 2018 年 1 月）

| 地 区 | 第一批 | 第二批 | 第三批 | 第四批 |
|---|---|---|---|---|
| 南昌市 | 南昌县冈上镇熊家村<br>新建区大塘坪乡汪山村<br>安义县石鼻镇罗田村 | 南昌县三江镇前后万村<br>进贤县架桥镇陈家村 | 青云谱区朱桥梅村<br>安义县梓源民国村<br>进贤县文港镇周坊村<br>进贤县温圳镇杨溪李家村 | 东湖区扬子洲镇碧流前洲村<br>新建区木莲村<br>南昌县蒋巷镇水灌桥村 |
| 九江市 | | 修水县山口镇老街村<br>都昌县苏山乡鹤舍村 | 修水县黄坳乡朱砂村<br>庐山市白鹿镇玉京村 | 永修县梅棠镇新庄村<br>德安县车桥镇义门村<br>武宁县罗坪镇长水村 |
| 景德镇市 | 浮梁县江村乡严台村<br>浮梁县瑶里镇 | 浮梁县勒功乡沧溪村<br>乐平市涌山镇涌山村<br>浮梁县西湖乡磻溪村 | 浮梁县礼芳村<br>浮梁县英溪村 | 浮梁县湘湖镇进坑村<br>乐平市洪岩镇小坑村<br>乐平市镇桥镇百乐村 |
| 萍乡市 | | 安源区安源镇张家湾村 | 莲花县路口镇湖塘村<br>湘东区麻山镇麻山村 | 莲花县坊楼镇沿背村<br>芦溪县芦溪镇东阳村<br>湘东区下埠镇南竹坡自然村 |
| 新余市 | | 分宜县分宜镇介桥村 | 分宜县钤山镇防里村 | 渝水区良山镇下保村<br>仙女湖区白梅村 |
| 鹰潭市 | 龙虎山风景区上清镇 | 贵溪市耳口乡曾家村 | 贵溪市塘湾镇 | 余江县锦江镇范家村 |
| 赣州市 | 龙南县关西镇关西村<br>赣县区白鹭乡白鹭村<br>寻乌县吉潭镇圳下村 | 寻乌县澄江镇周田村<br>瑞金市九堡镇密溪村<br>赣县区湖江乡夏府村 | 赣县区大埠乡大坑村<br>龙南县里仁镇新园村 | 寻乌县南龙村<br>大余县南城镇周屋村<br>信丰县大阿镇东风村 |
| 宜春市 | 宜丰县天宝乡天宝村<br>高安市新街镇贾家村 | 丰城市张巷镇白马寨村<br>丰城市筱塘乡厚板塘村<br>樟树市临江镇姜璜陈村 | 上高县翰堂镇翰堂村 | 上高县田北村<br>明月山温泉风景名胜区九联坊村<br>高安市艮山村 |
| 上饶市 | 婺源县江湾镇汪口村<br>婺源县沱川乡理坑村<br>婺源县浙源乡虹关村<br>横峰县葛源镇 | 婺源县思口镇延村<br>婺源县思口镇思溪村<br>婺源县思口镇西冲村<br>婺源县浙源乡凤山村<br>铅山县石塘镇<br>德兴市海口镇 | 铅山县河口镇<br>婺源县江湾镇江湾村<br>婺源县江湾镇晓起村<br>婺源县秋口镇李坑村<br>婺源县镇头镇游山村 | 上饶县皂头镇三联村<br>余干县乌泥镇乌泥村<br>鄱阳县高家岭镇站前村 |
| 吉安市 | 吉州区兴桥镇钓源村<br>吉水县金滩镇燕坊村<br>青原区富田镇陂下村 | 泰和县马市镇蜀口村<br>永新县石桥镇樟枧村<br>吉安县永和镇<br>安福县金田乡柘溪村<br>峡江县水边镇湖洲村<br>吉水县白沙镇桥上村 | 青原区富田镇奁村<br>吉水县金滩镇仁和店村<br>吉安县敦厚镇圳头村<br>泰和县螺溪镇爵誉村<br>青原区东固镇傲上村 | 新干县金川镇华城门习家村<br>峡江县金坪民族乡新民村<br>吉水县文峰镇葛山村 |
| 抚州市 | 金溪县双塘镇竹桥村<br>乐安县牛田镇流坑村 | 金溪县浒湾镇<br>东乡区黎圩镇浯溪村 | 金溪县琉璃乡东源自然村<br>黎川县华山镇洲湖村<br>金溪县合市镇全坊村<br>东乡区岗上积镇水南村<br>南城县新丰街镇汾水村 | 东乡区周家村<br>南丰县洽湾镇石耳岗村<br>临川区嵩湖乡下聂村 |

九江市

柘林水库

修

赣

玉京村

鹤舍村

义门村

长水村

新庄村

朱砂村

老街村

民国村

天宝村

木莲村

罗田村

潘桥村

汪山村

都

阳

湖

南昌市

朱桥梅村

前州村

熊家村

陈家村

乌泥村

磨溪村

严台村

沧溪村

瑶里镇

进坑村

理坑村

小坑村

虹关村

凤山村

孔芳村

恩溪村

李坑村

晓起村

汪口村

江湾村

南冲村

延村

景德镇市

海口镇

站前村

涌山村

百戸村

乐

江

信

葛源镇上饶市

河口镇

三联村

石塘镇

田北村

艮山村

贾家村

翰唐村

前启万村

李家村

厚板塘村

周坊村

周家村

范家村

鹰潭市

塘湾镇

曾家村

水南村

竹桥村

上清镇

全坊村

陈村

白马寨村

新余市

不桥村

白梅村

九联坊村

防里村

泸溪村

淋湾镇

抚州市

东源自然村

张家湾村

宜春市

保村

湖洲村

聂村

汾水村

麻山村

自然村

东阳村

新民村

习家村

汾水村

南竹坡

燕坊村

流坑村

洲湖村

湖塘村

柘溪村

吉安市

仁和店村

沿背村

钓源村

陂下村

石耳岗村

樟枧村

圳头村

永和镇

查田村

桥上村

爵誉村

傲上村

蜀口村

虔

化

白鹭村

夏府村

水

密溪村

章

贡

水

赣州市

周尾村

大坑村

东风村

周田村

新园村

南龙村

圳下村

关西村

## 江西省村史馆建设分布图

省市边线

江河湖道

◎ 地 市

● 村 落

## 图书在版编目（CIP）数据

古宅老屋：美丽乡愁：江西历史名村文化档案 / 姚亚平主编；陈立立编撰.
—— 南昌 :江西美术出版社，2018.3
ISBN 978-7-5480-5955-4

Ⅰ. ①古… Ⅱ. ①姚… ②陈… Ⅲ. ①古建筑—建筑艺术—江西
Ⅳ. ①TU—092.2

中国版本图书馆CIP数据核字(2018)第009474号

出 品 人：周建森
责任编辑：方　姝　朱倩文
责任印制：吴文龙　汪剑菁
封面设计：梅家强
版式设计：梅家强　林思同　先鋒設計

# 古宅老屋
## GUZHAI LAOWU
美丽乡愁——江西历史名村文化档案

主　　编：姚亚平
执行主编：张天清
编　　撰：陈立立
出　　版：江西美术出版社
社　　址：南昌市子安路66号
邮　　编：330025
电　　话：0791—86566309
发　　行：全国新华书店
印　　刷：浙江海虹彩色印务有限公司
版　　次：2018年3月第1版
印　　次：2018年3月第1次印刷
开　　本：787mm×1092mm　1/16
字　　数：264千字
印　　张：11
书　　号：ISBN 978-7-5480-5955-4
定　　价：85.00元